寫給完全素人的
「３３３３網路獲利計畫」

自媒體百萬獲利法則

#一書一觀點 創辦人

許維真/梅塔 Meta

強大的內心，是勝出的關鍵

很高興能夠為許維真（梅塔／Meta）的新書寫序。我認識的Meta，是一個既聰明，又了解自己，也懂得對外建立合作關係的獨立女生。最早認識她，是從她的＃一書一觀點[1]直播開始。當時我心想，做直播很辛苦，應該很難持續下去，沒想到Meta一做就是好幾年，讓我刮目相看。

在臺灣的自媒體圈子之中，Meta算是十分懂得建立「高價值粉絲」的創作者。她雖然不像知名網紅有幾十萬粉絲，卻能透過經營小型社群，從中創造更高的商業價值，非常難得。對於大多數想經營自媒體並獲利的人來說，Meta獨到的商業模式，可能比那些擁有百萬粉絲的「網紅模式」更值得學習。因為在這個年代，與其吸引很多粉絲，不如吸引人數較少但卻忠誠的粉絲，最好是忠誠到願意付費的粉絲。Meta在這一點上，絕對是屬害的一把好手。

在這本書中，Meta無私地分享經營自媒體並且成功獲利的經驗。如果你也想要經營自媒體，創造百萬元以上的收益，她的分享絕對是你該好好研究的內容。而這本書另一個有趣的點是，Meta還分享了如何

1｜一書一觀點 二〇一五年年底成立，分享閱讀與實作的直播頻道。

「做好自己」的心路歷程，乍看之下，或許與經營自媒體並且獲利沒有很大的關聯，但其實，擁有強大的內心，永遠是在任何領域成功的關鍵。

　　如果你也想要走向自媒體之路，這本書就像是一個先去冒險的人所寫下的日記與畫下的地圖一樣，能夠提供你指引。所以，我很推薦所有想嘗試自媒體商業模式的人，把這本書買回去好好閱讀，學習裡面的經驗與智慧，幫助自己達到想要的目標。

Miula（M觀點創辦人）

成功的路上為什麼不擁擠？

幾年前，一位前輩分享了經營部落格成功的祕訣：「只要一天寫一篇文章，兩年內一定會成功。」理由是，99%的人都做不到這件事。

經營自媒體有兩大挑戰：

> 一是「開始」，因為猶豫、懷疑、缺乏信心，常常還沒開始就先放棄。
> 二是「堅持」，因為生活失去平衡、和期望有所落差、無法獲利，甚至把經營自媒體當成一份「工作」，最終無法持續下去。

比開始更重要的是「堅持」，問題是，為什麼大多數人都無法堅持？很多時候是受到一些媒體的影響：許多人從一開始就有錯誤的想像，以為搞自媒體就是和賺大錢、當大明星劃上等號。因此，本書的開頭不是先談如何運用自媒體獲利，而是點破大多數人的迷思。書中提道：

「經營自媒體，無須創造，『記錄』你的生活就好。」

實際上，自媒體是自己生活的延伸，如果想在網路上扮演另一個角色，反而很難成功，沒有平靜的心靈就難以有長期的堅持。

許多人也會擔心經營自媒體是否很難獲利。實際上，成功的商業模式在於對他人創造「價值」，並非需要有數十萬粉絲才能成功。Meta 也在書中強調「質重於量」的觀點。擁有一千個深度經營、高度互動的「VVIP」，所帶來的價值遠高過數十萬沒在交流的粉絲，而書中也分享許多透過前者的經營方式，幫自己每月額外加薪的自媒體案例，甚至想取代一般上班族的正職收入，絕對可行。

非常推薦 Meta 在這本書中分享自己的心法與技巧。有時候，我們需要的只是跨出那一步。相信閱讀這本書，並且開始實際執行，你一定會有所收穫！

Mr. Market 市場先生（財經作家）

「臺灣女版的羅胖」──梅塔

2015年，我從北京回到臺北。因為對於中國新創圈的關注和熟稔，從羅振宇（羅胖）的「羅輯思維」一開始沒多久，我就持續追蹤，沒有錯過任何一期的節目。這個「歪嘴的胖子」是中國新聞圈的資深媒體人，滿嘴的「互聯網思維」。他說，在這個時代最重要的能力，就是「自我說明，宣傳自己」；最該做的兩件事，就是「寫作」和「演講」。

隨後，我自己也開始創業，而我的事業也帶我認識了許多有趣的人，包括梅塔。在我眼裡，梅塔簡直就是「臺灣女版的羅胖」！我會這麼說，是因為就如「自媒體」一樣，他們或許最終都達到了一樣的成功，然而其過程和內容，卻獨一無二，大有逕庭。

他們相同的，就是做自己最擅長也最開心的領域，因為「做自己」，而不遷就市場，才會成功。他們也都是「知識型網紅」，而梅塔的 ＃一書一觀點分享自己的心得，表達自我的同時，也豐富每一位觀眾、每一位好友的人生。

相較於專業名嘴羅振宇，梅塔給我的感覺更加

平易近人，更加隨和。她常常素顏直播，就像鄰家朋友，可以隨意聊聊最近發生的生活瑣事。不同於羅輯思維往往批評時政，展現大格局、大計畫，梅塔所呈現的，是一種女性獨有的溫暖和細膩。

一如Meet.jobs[2]一直想要傳達給用戶的：在 Meet.jobs，你會找到發揮自己最大價值的舞臺。因為──

> **做最好的自己，每個人都可以。**

感謝梅塔邀我為本書作序，也誠摯推薦給你。

林昶聿（Meet.jobs CAO）

許氏之道——慈悲誠實

老友許維真出書談自媒體，細讀全書，發現她不只是談經營自媒體的酸甜苦辣，還分享了許多必須具備的核心元素與經營心法。我用四個字貫穿許氏之道：慈悲誠實。

許多人經營自媒體，有心無力地追逐龐大的朋友數，或想扮成一個永遠都不被討厭的人，但維真提醒：

> 「社群媒體上，追蹤者的質大於量，與其認識一百萬個漠不關心你的追蹤者，不如認識一百個真心願意幫助你的鐵粉。」

打個簡單的比方，有些人的臉友乍看有五千人，但他其實是在幾個月內到處亂槍打鳥加別人，這種「堆疊臉友」的方式，很難讓他的Facebook成為有力的自媒體。他義憤填膺地寫了一篇好市多推車撞到休旅車後車廂的現場見聞，結果哭杯，只有三個讚，一個還是他自己按的，這代表什麼？代表根本沒人理他，也就是謝文憲（憲哥）講的「死狗沒人踢」。

如果你是一個美食愛好者，喜歡靜謐的氣氛、重視桌距；你喜歡第二次打電話的時候，對方立刻知道你是誰（只要店家設來電顯示和存檔就做得到，「銘心割烹壽司」就做得到）；你總是分享這類餐廳的訊息，而且只加珍惜情報、不亂回話的朋友。如果累加了上百位「好咖朋友」，以後你分享類似的情報，就會得到更多有參考價值的意見與回饋，而你仍然保持慢慢加友的速度，假以時日，你的自媒體就是一個強大的美食情報站。

維真的提醒，與《連線》（Wired）雜誌創辦人凱文．凱利（Keven Kelly）的理論有異曲同工之妙，他稱之為「一千個鐵粉」（1000 True Fans）：

「一個創作者，包括藝術家、音樂家、攝影師、工匠、表演者、動畫師、設計師、影片製作人、作家——換句話說，就是任何藝術創作者，只要贏得一千個鐵粉，就可以靠創作吃飯。」

如果你是一個喜歡閱讀的人，對你來說，經營自媒體不是花時間去理會所有人的喜怒哀樂，然後一一

回覆笑臉或哭臉。你可以挑某一類的書，專門做這類書籍的分享。譬如鎖定自傳類，把博客來、露天、Amazon的第一手、二手自傳全買下來，狠K三個月；第四個月開始，一週分享一本自傳中的精華之處，然後自問自答，再出三個問題問你的受眾：「如果你是書中作者，遇到那樣的人生關卡，你會做什麼樣的選擇？」如此一來，你的自媒體將獨樹一格。如果做出成績，請記得不要接太多的合作邀約，你要留時間給自己，繼續耕耘你的初心——分享自傳。

> 一旦你迷失在舞臺上，就是你被急速掏空的開始。當你講話開始重複，受眾就會逐漸遠離你，商業合作也慢慢變少，何必等到那一天才徒呼負負？

如果你能把洗水塔、洗冷氣、清潔洗衣機這些事情做得又快又好，而且收費公道，透過自媒體，你會快速被看見，快速被媒合，快速為人所用，得到應有的報酬。一個出色的洗水塔師傅，過去只能靠口耳相傳；然而在現代，如果把自媒體運用到極限，可能會是一個每週工作四天、旅行三天，一整年從北遊到南

毫不間斷的洗水塔師傅。

在這個時代，容易被機器人或是新鮮的肝所取代的職業，將愈來愈不希罕，薪水也勢必愈來愈差，不用抱怨，這是必然。<u>正因為機器人崛起，手藝人更顯得稀罕，而手藝人要被看見，自媒體既是舞臺也是窗</u>，所有應該上心的大小事，許維真這本書都沒藏私。

楊斯棓（醫師、方寸管顧公司首席顧問）

踏上自媒體之路的必讀實作書

梅塔邀請我寫序之前，其實我只大概了解她是一位自媒體工作者，在訂閱平台上有說書分享的節目；花了幾天，把這本扎實的書讀完，對梅塔有更完整的認識。

電獺旗下也有媒體部門，我們雖是技術團隊，但也是從素人開始摸索，漸漸在這領域茁壯，這本書中的許多經驗讀來非常親切，也相當有共鳴，的確是適合給有志透過所長來經營自媒體的人參考。

梅塔是我的臉友，幾年前創業時，因為一個契機而認識。對於創業的人來說，在臺灣已經有許多媒合彼此的管道，例如 Facebook 大興盛行的這幾年，網路創業者與中小企業老闆（包含我自己）常常在各種社團、自己的私頻中分享經驗，我特別喜歡閱讀這類的文字，畢竟，「以人為鑑」是快速學習與成長的捷徑。這本書的許多章節內容與案例分析也有這樣的功效，包含以下：

「能走網路，就別走馬路。」
「快速致富的爆紅自媒體經營者，一般來說，往往犧牲了長遠的身心靈財富──特別是心靈的平靜。」

　　這些觀點，十分切中經營自媒體時會面臨的思考與抉擇。特別的是，本書從梅塔的經歷，分成態度、實作，甚至是家庭關係等角度去琢磨自媒體經營的難易之處，我認為非常值得咀嚼。

　　其實，管見之經營自媒體在追求獲利之前，的確必須捫心自問是什麼驅動自己去創作，並且需要驚人的毅力與不斷適應新局面的能力，反覆累積才能有好的成績，推薦大家閱讀本書，得到更多靈感。

謝綸（電獺集團執行長）

親愛的朋友你好，我是許維真（梅塔／Meta）。感謝有命中注定的緣分，我們因為這本書、這段文字相遇。在臺灣每年出版數萬種新書的情況下，我很珍惜這個被你看到的時刻。

大學畢業，我花了新臺幣20萬元環遊世界回臺後，搭上旅遊風潮，環島演講，很多人常常誤以為我就是一個知道未來該怎麼走的人。其實我和大家一樣，只是個平凡人，也有脆弱的時刻與摸索人生方向的時候。只是，我愈來愈知道人生「不做」什麼，少掉了很多「做」什麼的時間。

持續透過自媒體分享我閱讀書籍後的實作觀點，減少大家的試錯成本，就是我的人生意義與價值觀，當然包含本書的出版也是。寫作／直播／顧問／演講／社群／訂閱服務……都是我曾經透過自媒體獲利的領域，我的關鍵字──「許維真 旅遊」「許維真 自媒體」，在這條路上，持續地優化與調整中。

但在你開始閱讀這本書之前，我必須說：如果你只是單純想達成年收百萬，有太多種更輕鬆的方式，我絕對不會輕率建議你透過自媒體來獲利，就像我也會請想創業或開公司的朋友必須三思而後行。透過自

媒體通往財富之路是個漫長路程，90％以上的人一毛錢都沒賺到，甚至是燒錢，也不是每個人都能創造百萬粉絲的影響力來行銷自己，並順利獲利。

而且相較於創業，透過自媒體獲利往往更為嚴峻與不易，也不是每個人的性格與特質都適合，相關細節與案例在接下來的篇章都會陸續詳述。因此，我往往鼓勵大家：

比起追求獲利，經營自媒體的初心更為重要——做有興趣的事情，並且持續記錄。經營自媒體不是為了要有名有利，而是這件事情讓你的生命開始有了新的意義與價值。

「自媒體」是什麼？

回到本書要探討的焦點——所謂自媒體，到底是什麼？透過自媒體，又可以做什麼？用我自己的一句話來形容，自媒體可以說是：

> **透過網路平台分享自己的觀點，進而去影響別人。**

　　這也是我在十多年來的人生中一直持續做的小事。隨著科技的進步，人人都可以透過網路平台散發影響力，成為自媒體。

　　幾年前，我的個人 Facebook 每篇貼文不到十人按讚（其中一個還是我自己按的）。2015 年年底，我獨自在 Facebook 上舉辦＃一書一觀點的直播，單場線上收看者累計近萬人。目前，我的職業是一家自媒體公司小老闆，公司開了幾年，僱了幾名員工。我會受邀去一些企業內訓，分享自媒體與網路運營相關主題；也與高屏青年職涯發展中心長期合作＃一書一觀點的實體讀書會，期待能回饋家鄉，促進愛閱讀、愛分享的各位交流；同時持續致力於閱讀後的實作分享。

　　2018 年起，與訂閱平台合作「除了上班族你可以更多『元』」的專案，累計訂閱金額超過新臺幣 150 萬元。當時，許多人看到沒有經營粉專，也沒有其他網路頻道的我，在訂閱平台上竟然可以平均一個月進帳

快9萬元，就以為訂閱機制很好做。但是你知道嗎？在此之前，我下班後花了好幾年的時間與定期關注我的網友們互動，更別提這十年來我自費買書的成本。如果不是熱愛透過自媒體分享，我絕對無法持續這十年超過一萬小時的「做白工」。比我更厲害的一線YouTuber等全職KOL（Key Opinion Leader；意見領袖），他們的創作心血與巧思一定更超越我的努力。

PressPlay後台數據

如果你想快速變成網路紅人而且獲利百萬，那請趕快把這本書送給仇人，為什麼？經營自媒體其實很燒腦，需要時間去醞釀。如果你本身對於這個領域並非真的感興趣，正如前述，很多賺「快錢」的領域是比自媒體更好的選項。

目前為止，每天工作之餘，我至少幫客戶媒合一件以上的案子，不論是找工作、異業合作、審視履歷，還是找資源、資金、投資人等等。有人打趣地

說我根本就是集公關公司、行銷公司、辦課單位、講師、策展人於一身，甚至說我是阿拉丁神燈。但一直以來，我只是做好 BD（Business development）的角色，也可以說，我做的其實是「網路中間人經濟」。

　　特別是在我開了微米小的公司後，常常覺得一天就是上班族的一整年，每天都遇到不同的問題，然後持續去解決，勞心勞力的蒼老程度也與累積的作品成正比，許多網友見到我後才驚呼：「梅塔！我一直以為妳已經四十歲了！」可能是長期耗在網路的職業災害吧？但是，我熱愛現在多元且忙碌的自媒體創作生活。自媒體不只是秀美照、影片，還是發無病呻吟的廢文，自媒體改變了我的一生，無論是感情還是事業，也讓我遇見曾經是上班族的我不可能遇到的貴人與機緣。

　　這本書結集了體制外新型的「自媒體經營觀點」，書中並沒有太多的專業理論、大道理，還是預測分析，有的只是我從 2016 年開始實作到現在的經歷與個案，希望對你有所啟發。生活可以很多元，而且充滿創意；可以做自己有「興趣」的事情，並且「獲利」。你開始思考真正適合自己的生活方式了嗎？

透過自媒體，結合興趣，並且獲利

　　我認識一位很會做菜的網紅「巧兒」，她分享料理和烘焙的創作，也把訂閱服務做得有聲有色。而我是那種連切酪梨都可以噴血的人，但是相對的，我比一般人花更多時間在閱讀與運動上。

　　我要說的是，人生經驗、專長、證照、人脈，甚至是怪癖⋯⋯只要透過自媒體，放在有需求的市場上，就能「改善別人的生活」。一個領域的知識 gap，就是商機。一年投入一成的薪水與下班後的二百小時，可以讓你在初期就擁有幾千元以上的獲利。本書就是要與你分享如何把「興趣」變成「收入」，豐富自己的多「元」人生。

　　然而你可能會思考「資金」「時間」「客源」「風險」等問題。任何事情從零到一會感到不安都是正常的，本書將陪伴你一起前進。以下是剛入門的你可以嘗試的「3333 計畫」：

1. **在三小時內看完這本書。**
2. **投入金額每個月小於新臺幣 3,000 元（不超過每月所得 10%）。**

3. 在三天內想出可以獲利的自媒體微創業計畫。

4. 在三個月內做出一定成果，並反省與微調。

　　我經營自媒體一路走來，都會設定「預算」與「停損點」。例如：○個月內做不到○○○的成果就放棄。如果在這個領域不成功，那就再找新市場，人生就是這樣簡單。然而，很多人因為害怕不成功而一直拖延。我有一位社會局學分班同學 Jenna 小姐，她上課後快三年才開始鼓起勇氣經營自媒體。也因此，我希望這本書可以降低更多人在這個領域的成本。

　　有一句話說：「立刻去做的人得到一切。」我並不是個很優秀的人，但也許在執行上比其他人更堅持。看完這本書以後，開啟 3333 的網路獲利計畫，絕對不難。享受速度感與市場變化，也是獲利之餘重要的心靈享受。現在，就讓我們正式開始自媒體獲利之旅吧！請多多指教。

沒有專業名詞，只有滿滿的實作

　　最後，感謝視覺引導記錄師邱奕霖手繪的一張圖（請參考下一跨頁），整合了我十年來每年投入「一百小時」、給自己的「一百挑戰」，包含環遊世界、經營

自媒體、達成訂閱服務破百萬、出書等等，希望大家
透過這張圖，進而去整理與思考自己目前為止的工作
與人生。

許維真（梅塔／Meta）

CONTENTS

目
次

第
1
章

心法──深度經營，真實坦露

Chapter 1 Method

實戰——這就是訂閱服務破百萬的祕訣

故事——找到原創的人生攻略

個案——3333 自媒體長紅獲利計畫

第 1 章

心 法

深度經營,
真實坦露

Chapter 1
Method

「為了讓觀看我直播的人幸福，我要更努力加油！

我希望看過我的直播、影片，聽過我的音頻、演講，或者看到這本書與我所寫的文字的你，可以很幸福，所以每天持續分享閱讀後實作的經驗。許多人都不理解，為什麼當時仍是上班族的我，每天下班後還是願意持續直播，每年平均分享一百集、一百本以上的閱讀實作經驗？一開始，我並沒有想過做這件事情會獲利，而是因為我覺得有趣又「利他」。

而這樣的價值觀在我經營自媒體的幾年後，生命中發生了許多神奇的經歷：

- 十分鐘內幫朋友賣掉出版社——寫憶文化
- 尚未開公司前，就幫現在的一名員工以近百萬元賣掉網站
- 2018年訂閱服務，一年獲利破百萬元
- 用20萬元環遊世界五大洲
- 環島演講超過一百場
- 免費獲得贈車

- 免費入住大直百坪豪宅
- 報章雜誌和電視節目等採訪邀約
- 與勞動部青年職涯中心合作公益讀書會超過三年，持續幫助更多青年，提供就業靈感
- 一年一百個以上異業合作案
- 顧問、企業內訓、投資等邀約
- 遠流出版公司主動邀約出版本書
- 幫助更多人透過自媒體獲利

　　面對這些不可思議的體驗，許多創作者最常問我的就是：「為什麼妳運氣那麼好？」為什麼可以愈玩愈有錢？為什麼可以一邊做自己開心的事情，同時也能獲利？我想自己一路走來可以這麼順利的原因有以下幾點。

經營初衷 ① ── 正念祈禱

　　從小是住持的奶奶自己蓋了佛堂，我就是在這樣的環境長大的。其實我在每一集直播前都會先祈禱：「如果今天分享的直播內容，對於收看者有所幫助，那就是我分享的意義。」包含寫這本書的時候也是。一開始我經營＃一書一觀點，只是覺得把家中數千本的書默默地雲端化私藏，實在太可惜：「如果我的閱讀實作

住持奶奶（左）

可以透過直播幫助到需要的人，神啊！請祢自動引導
我前進吧！」

　　任何宗教的祈禱或拜拜都類似靈體的健身房，持
續祈禱，就是在訓練能量體的肌肉。持續以這樣的方
式經營自媒體，可以大大提升經營成果。直到現在，
我除了累積了四百集以上的直播，支持者購買我的訂
閱服務也在一年內超過百萬金額。

　　另外，如果有空，我會在直播前去洗個澡，然
後冥想三到五分鐘，想像直播時開心分享的自己，睡
前也會做類似的冥想。冥想的時候，我會使用腹式呼

吸，這對於淨化負能量很有效果，特別是自媒體創作者會大量接觸不同領域的人，非常消耗「氣」，也常常遇到蓄意攻擊的網民。持續冥想與腹式呼吸，是保護自己的方法。

經營初衷 ②── 啓發神性

在這個網路發達的年代，充斥著大量煽動、挑逗的資訊。許多人表面上假裝善意，其實內心充滿扭曲，懷有惡意地散播資訊，充滿著不安與憤怒的能量。所以，我主動透過 # 一書一觀點分享對於大家有用的資訊與價值觀，希望藉由經營自媒體的過程，釋放出收看者美好的「神性」。每個人都有神性，這或許與「直接獲利」沒有關係，但是相信自己擁有神性的自媒體創作者，就不會變得「表裡不一」，這也是為什麼粉絲見到我都很驚訝──我的本人和網路上的形象是如此同步與真實。許多網紅常常在人前人後態度不一，或者因為對方的身分地位而轉變態度。持續反差很大、氣場不平衡的人也會吸引相關人士，讓自己與生活都變得一團亂。

我在閱讀完一本書後的實作中，會反問自己「在這本書中感到最有正能量的事情是什麼？」來激發神

性，如此就可以掌握作者的價值觀與信念。篤信語言與文字有「神」的我也漸漸明白，經營自媒體往往不是只有形式，更重要的是看不見的「心意」，即使沒有說出來，但是聽閱人一定會感受到。

> **最重要的事情，往往不是肉眼看得到的。**

　　經營自媒體，需要搭配這些細節來集中注意力、保持精神的穩定性，這或許是我容易進入「心流」的原因。許多收看直播後的網友會給我這樣的回饋：「聽完後，跟一般的直播不同，是有療癒能量的頻道。」我一直相信，祈禱他人成長的人就是幸運的女神／男神。希望這本書也可以帶給閱讀的你開運的好能量，就像吉祥物充滿福氣的療癒力量（笑）。

02

分享的內容無須創造，記錄自己的人生就好

經營自媒體，該如何讓自己的內容適用不同平台，以便吸引造訪那些平台的受眾？最重要的是，找一個自己容易做到而且可以持續的方法，專心創作一種內容，並且運用技巧分享到其他平台。例如，你選擇了一個主要平台 Facebook，分享了一則直播，可以再修剪直播影片上傳到 YouTube 和 Instagram，甚至可以把影片內容節錄出部分文字稿，發表在自己的部落格或網站上。

大學畢業，我透過經營自媒體環遊世界五大洲以後，就一直強調：

> 經營自媒體，無須創造，「記錄」你的生活就好。

在一片過度炫富、強調美好粉紅泡泡的自媒體國度裡，這些人的生活美好到不真實；然而，卻有人像你一樣真實地分享自己一路摸索與學習的人生道路與價值觀。人生不是得到就是學到。人生的學習之路本來就是自媒體源源不絕的經營內容，每個人的人生都是絕佳的創作。用你最擅長的平台，記錄自己的生

活，說出真心話，讓對你有興趣的朋友了解你，然後讓他們看著你如何創造自己想過的生活。

例如＃一書一觀點，最初很多人誤以為只是一個分享「說書」的直播頻道，然而那些人並不了解我的初衷。＃一書一觀點是我想與跟我同類型的人分享的工具，我是透過閱讀與實作來學習的人，雖然我平均每天看至少一本書，但其實大量閱讀根本不是重點，重點是實作書籍中的多少內容。

許多人私訊說，透過書籍實作的直播得到有價值的事物，或者讓人生少走冤枉路。當我一年累積了超過當初設定的一百集實作直播後發現，居然深深影響了這些人的人生，這對於我意義重大。雖然我無法和每個需要我建議的人見面（這也是為何後來我有了訂閱服務），但我一直持續分享自己的實作和學習的每一天。透過自媒體記錄這幾年的生活，讓我從創作的壓力中釋放，把自己當成是人生的主角與製作人。

日常生活的每一件小事本質，其實都值得分享。而且最有趣的是，當我知道《富比士》（Forbes）得獎者或是年收破千萬以上的老闆在收看＃一書一觀點的時候，非常詫異。隨著報導、書籍、贊助，＃一書一

觀點為我帶來超乎預料的一百個以上合作案！一直到現在，我還是很感謝那些素不相識卻持續默默分享與推薦＃一書一觀點的網友們，謝謝他們覺得我的書籍實作直播改變了他們的人生。

打造個人品牌力

透過自媒體「記錄」自己的生活，打造個人品牌，就是我的策略。其實我很認同未來是就業的終結，今後每個人都很難待在一家公司直到退休，既然如此，為何不透過自媒體把自己的人生當成公司來經營？特別是，當你確定可能有一天會離開目前的公司，更是要從現在開始，在擁有正職工作，還不需要透過自媒體來追求獲利之前，就先在利基市場，建立個人品牌並產生影響力。如此一來，當你確定要以自媒體為正職時，個人品牌就是你最大的資產，並引導你走向下一個機會。舉例來說，在這本書出版之前，我沒有寫過書，但是透過＃一書一觀點頻道，出版社認同我的觀點與影響力，讓我不用主動提案就有了出書成為作家的體驗。

你或許還不清楚如何透過自媒體建立個人品牌，甚至發揮自己的影響力，我也必須告訴你，市場是很

殘酷的，任何成就都取決於你分享的內容品質。如果你分享的資訊對於利基訂閱者沒有幫助，或者吸引不了他們的注意，那就不要期待會有以上的機會。只要你是玩票心態，就連一半的目標都達不到，更別說超過一百個廠商會來找你合作。

但是誰會一開始就知道怎麼做呢？就像我現在都會被第一集直播的自己嚇到，但我依然每天投入心力，透過與訂閱者、受眾的互動，來了解什麼樣的內容可以讓大家產生共鳴，並且研究其他自媒體內容是否有值得我學習的部分，然後持續記錄，讓自己保持清醒與誠實。

另外，許多人在經營自媒體時，喜歡在小圈圈內自捧「大師」「教父」「達人」「專家」等封號。特別是看到某些剛畢業的人自稱「社群大師」或是「創業專家」，我都會忍不住大笑。雖然有自信是好事，我也喜歡正能量，但我還是覺得，有時候悲觀一點，可以把事情做得更到位，而且負面一點其實可以讓人生更美好（務實）。

我也遇過邀約我的主辦單位稱呼我為大神之類的，其實都會讓我很惶恐，為什麼呢？我覺得自己最

多就是一個喜歡透過自媒體持續分享的人。投入大量努力之前，要得到認可不是自己取封號，而是市場決定你是誰。就像一開始，其實我並沒有很想當「環遊世界的部落客」，所以當時面對大量的節目與演講等活動邀約，我仍持續保持閱讀的習慣，等到我已經可以提供給我的 VVIP（訂閱者）獨一無二的真正價值，才在#一書一觀點強調自身專業。

創作、嘗試、優化

在我三十歲的時候，已經持續超過十年，看了一千本以上的書（但我很不要臉地把漫畫書也加入）。然而，如果在我大學畢業後第一次去環遊世界時，就向大家直播分享自己開飛機的經驗，該有多棒？我可以更早幾年就成立#一書一觀點，告訴我的訂閱者：「這本書，我實作了什麼？這個經驗，我得到了什麼？」接著，我可以把這幾年的影片剪輯出來，讓人家看到我的成長，這樣誠實的歷程也是絕佳的故事。所以，我希望你透過文字、影片或是圖畫，用任何你擅長的方式，持續記錄自己的每一天。

二十五歲的時候，我才決心成為現在的自己。很可惜，達到目標的過程中，我摸索、浪費掉太多時

間，如果我早就知道可以透過直播記錄自己的人生，就能分享更詳盡豐富的人生歷程，讓更多人看到我一路跌跌撞撞與試錯的過程，展現最真實的學習曲線。

其實，藉由自媒體與訂閱者分享的同時，也是在教育自己。透過自媒體記錄自己的一切之所以有價值，不是為了獲利，而是十年後讓大家看到你，也讓你驕傲於自己的成長。剛好我寫這本書的時候，經營自媒體已經超過十年的時間。一開始錄製＃一書一觀點的直播，我只是真實地記錄下透過書籍實作而成長的每一刻，也沒想到會帶來一百個以上的廠商異業合作案。見證自己的持續進化是很神奇的事情，我也沒想到只是透過直播捕捉人生旅程，有一天可以為一群人帶來那麼多啟發。

持續透過自媒體記錄，可以提供一個隨時取用的資料庫。比如，如果有人問我類似的問題，我可以傳之前直播的影片連結，說明這集直播的第幾分鐘能解決他人生的哪個問題。此外，也可以幫你驗證早先的承諾與目標，讓粉絲更信任你。例如，當時我在＃一書一觀點向大家預告，一年內可以分享超過一百本的書籍實作；而我在一年內不僅做到，還直播超過三百本，大家就知道我是來真的，也因此後續幫我賺進了

一年一桶金。目前直播累計超過四百集。

今天我能夠有機會上節目、出書、接到各種不同的活動主持與邀約，可能是因為以前需要透過「中間人」（製作人、導演、出版社等）才能做的事情，現在藉由自媒體就可以讓更多人知道你的創作。所以，想做什麼，就直接把作品丟出來，看市場反應如何；如果沒有，就下架、改變，然後再次嘗試，邊做邊優化。

只要將通往目標的過程記錄下來，讓別人看到你做了多少努力，並且讓他們一起參與這個過程；只要說出目標，並且把作品放在網路上，就會持續逼自己進步。只要你的紀錄是對市場有幫助的，別想太多，市場的紅利會讓你嘗到美好，不要試圖在自媒體上當個完美的機器人。人生最大的真實就是不完美，記錄得愈多，你的訂閱者愈是信任你。

坦白說，我開公司以後，就不喜歡別人在我面前提到「夢想」兩個字。夢想對我來說，就只是在「夢中想想」，比起有沒有夢想，更重要的是人生中有沒有想去執行的目標？我也非常受不了常常談論自己「即將的夢想」。很多人喜歡找我討論即將做的事情，希望我能「鼓勵」他，這是我所不能理解的。如果你真的很想做這件事情，不是應該每天早晨起床就努力朝著目標前進嗎？

舉例來說，我有一位在教會認識的朋友 Grace（以下簡稱 G）小姐。當時，我覺得她的家庭與各方面情況，大概只能透過婚姻、建立新家庭才能改善。G 小姐雖然認同我的觀點，可是一直重複她的社交圈，我並不認為她週末一直參加教會姐妹團契真的可以擴大交友圈，並且告別單身（全部都是單身的女性團體，甚至可能會出現扯後腿的「姐妹連體嬰」問題）。其實許多人都有這種重複人生模式的問題，不論是感情還是工作。

我對 G 小姐坦言：如果今天我是她，我會善用假日擺脫「舒適圈」，利用不同的交友 App 或運動社團來改變現有的人脈，建立可以實現目標的弱連結（比如說 Facebook 本身的 Local App 就非常的實用）。

M：妳聽我說，妳不用每年都跟我約見面，然後預告妳今年一定要告別單身。妳只要每個週末不要整天耗在教會，六日強迫自己單獨參加從未接觸過的聚會或課程，要求自己每場都跟一個陌生的男生攀談，並且至少跟對方約出來見一次面，妳只要今年專注做這件事情，一定可以心想事成。我不理解妳一直嚷嚷想結婚，但妳目前重複的行為模式，只是在空耗妳的青春，妳都已經快三十五歲了，之前的工作也是一直沒有累積性的行政跟助理這種不到30K的工作，這樣下去，妳不僅無法好好照顧自己，更無法好好照顧妳的單親媽媽和家人。

G：妳怎麼能說我一直去教會是在浪費時間呢？我從小在教會長大，妳就不能肯定我嗎？我需要鼓勵才能繼續走下去啊……（開始跳針）

M：妳這樣單身的狀態已經五年了吧？那我真的覺得以後沒有必要再見面了，該怎麼做我都已經跟妳說了好幾次，妳一直在浪費我的時間重複講一樣的事情。等妳真的結婚、有了家庭再跟我說吧！我真的很討厭一直反覆說但又不改變的人。更討厭浪費別人的時間，根本是謀財害命的行為。

G：妳幹麼那麼兇啊？我就是需要妳的鼓勵啊……

　　當時才二十幾歲的我，後來也沒有再跟這位姐姐朋友聯絡，最後一次的見面，她可能也被我這樣「直

接」的言談嚇到。在我們那次看似「不歡而散」的討論後，一年內她真的照我的方式找到結婚對象，共組家庭，並且很快就有了孩子。我會得知，是因為 G 小姐透過網路與我互動才發現的。當然我很替她高興，所以後來我也反思，如果當初她在第二年仍對我重複告知時，我就直接表明自己的看法，能否讓 G 小姐更早遇到幸福呢？也是因為這個經驗，如果有網友私訊表達他們的看法，我都會盡可能地講真實的觀點，希望幫助這些人更有效率地解決人生問題。

女性自媒體創作者「做自己」的困境

　　我就是這樣的性格。在此，我想回覆一位同樣是女性自媒體創作者朋友問過我的一個問題：

> 「Meta，像妳這樣做自己有興趣的事情，真的可以獲利嗎？」

　　一直到現在，臺灣或許與父權社會有關，市場上還是沒有太多啟發女性坦然「做自己」的平台，或者可以參考的典範。女性要做自己，有一個很大的前

提：必須擁有一定程度的經濟自主與獲利能力，但是市場上多是成功的男性在教育大家怎麼做。然而男女天性不同，男女之間不該是競爭關係，而是在不同領域成功的相輔相成關係。我製作訂閱服務的初衷之一，就是想要創造一個空間讓大家知道，女生不是只有結婚、生子、上班而已，女生也有想做的事情，女生也可以創造很多價值，這也是我持續學習的事情。許多時候，社會上的某些單位是很虛偽的，他們號稱給女性力量、支持女性自主，但卻是在女性符合某些特定「典型」才算數。

他們會叫妳做真實的自己，然而當妳不討他們喜歡，便開始打擊妳、排擠妳。在經營＃一書　觀點的初期，我常常素顏直播，就是維持自己的真實性，來讓大家知道──「不化妝直播」「面對真實的自己」遇到網路霸凌或是被酸言酸語，其實沒什麼了不起。有些人莫名地討厭你，是因為他想要像你一樣真實，卻無法這樣做自己，或許在長期壓抑的環境下，他已經忘記自己是誰。

目前，我還無法平衡婚姻制度對於生活帶來的改變，與男友處於同居狀態。而我每天的工作模式就是一早起床寫這本書、運動，然後處理公司會議；下午

與客戶開會；晚上處理訂閱服務……然後整個循環再來一次，每個月幾乎都是如此。除了固定的直播、廠商合作案，有空時我會整理 Facebook、Instagram 等雜務。老實說，我可以在熱愛的生活中每天投入十小時以上，但我並不認為自己可以在三十五歲前為了「母親」這個角色全年無休（其實我很早就立志四十歲當個高齡產婦）。因為我還有好多想做的事情，每天持續為自己的目標而努力。

另外補充一下我的一個習慣。每年，我會寫下十二個自己想做的事情，然後用螢光筆圈出三至四個最想做的，比如今年的三件事之一就是出這本書，所以每天一早起床就是先打開筆電，寫稿一小時以上再執行其他事。希望你每天一起床，就持續為了三個目標努力，不要理會周遭的紛擾，透過自媒體用盡全力做自己。展現真實的自己，會讓想認識你的人快速了解你，不要覺得不好意思。

經營自媒體是為了療癒自己與世界

你曾經問過自己這個問題嗎？幾年前，我也經歷過類似階段，我知道很多因自媒體而獲利或成名的公眾人物並不快樂，包含看到這篇文章的你，周遭可能就有這種窮到只剩下錢，活得很憂鬱的人。如果你想要反駁我，那麼我來跟你分享一個2018年出現在我生活中的實例。

2017年，我在十分鐘內幫朋友成功買賣公司（寫憶出版社），2018年因此意外免費入住大直某百坪豪宅，代價是幫忙那位不在臺灣的屋主朋友媒合優質客戶。身兼二房東與房屋清潔工的我，因為要幫忙找買家，常與鄰居、里長互動，於是得知我所住的社區裡，有一個極度有錢但是不快樂的四十多歲單身姐姐。她的父母住在國外，每個月都會定期匯款好幾十萬元給她，同時她名下也有一戶超過3,000萬元的物件。在大家正為有房、有車、有錢奮鬥的時候，什麼都有的她，卻選擇在附近飯店結束生命，離開人世。

我男友曾經不認同我的價值觀，他說：有錢可以解決很多問題。沒錯，但是錢無法解決人生的問題；相反的，你可能因為籌碼太多，選擇更多，而更空虛。許多人無法理解我剛剛提到的女生，她明明擁有那麼富裕的物質生活，卻活得很辛苦──為什麼半夜睡不著，挨家挨戶用頭撞別人的家門？為什麼去百貨公司專櫃找櫃姐吵架？為什麼一直在飯店鬧自殺？

如何找到人生的意義？

除了上述例子，我還想到一個令我頭皮發麻的價值觀。我的一位攝影師 VVIP 說過，他爸爸以前都這樣教育（＝洗腦）小孩：「人生追求快樂，你就是魯蛇；人生要追求進步，才有意義。」我想這可能與現在憂鬱、不快樂、有情緒問題的人很多也有關係。許多人一直碰到這個問題：「我不知道活著的意義，更別提如何找到熱情。」為什麼主流教育或長輩一直灌輸我們奇怪的價值觀？為什麼追求快樂的同時不能自我成長？為什麼一定要「更好」，而不是接受原本的自己？

如果長輩的舊世代價值觀真的是「正確」的，那麼在這個快速變動的時代中就不會有那麼多人不快樂了吧？我很早就發現上一世代與學校所教的價值觀和

資訊，無法作為新世代的人生遊戲攻略參考了。

如果你曾經找不到生活的意義與對於生命的熱情，那麼或許你可以嘗試透過自媒體自我療癒。我十歲的時候，每天晚上要幫忙爸媽照顧罹患巴金森氏症和阿茲海默症的住持奶奶，無法好好睡覺。長期照護，加上處在私立天主教資優班升學環境的壓力，導致我喘不過氣，天天想跳樓自殺。後來在我妹的勸說下，我理解從二樓跳下來只會骨折，才開始去思考死不了的我該如何去解決這樣的情緒問題，即使當時，我還不知道如何與爸媽溝通情緒和心靈問題。

照顧奶奶長達十年，看似沒有童年很辛苦，然而幸運的是，從小處於佛教的環境，深刻感受到正念療法一直支持著我的每個階段，包含經營自媒體。最早，我透過 Yahoo 奇摩知識＋回答與解決了許多網友的人生問題，持續「法布施」，獲得成就感。透過正念經營自媒體而達到自我療癒，因此，我持續與大家分享的觀念是，經營自媒體不僅可以擺脫不幸，還可以讓你更幸福。

Yahoo 奇摩知識＋專家後台證明

即使你的成長過程不像我曾經有過嚴重的心理創傷，但是每個人都有人生課題，一生當中都有辛苦、需要面對的地方。如果你曾經和我一樣，不曉得人生的意義，或許透過正念持續經營自媒體，可以看懂為什麼總是活得不快樂、活得很累，並且知道如何去克服，這樣的自我療癒對解決問題是有幫助的。

　　我透過每一天的正念與覺察，持之以恆地經營自媒體，帶給生命熱情的力量。一路走來，我深刻感受到，正念經營自媒體的理念支持著自己，每天持續這樣的方式，已經成為我的習慣，更是我生命中的養分，我的生活因此變得非常多元與豐富，更有機會遇到本來生活圈不可能接觸的人，或者是去到不可能去的地方。而且不只是獲利，生活中的感受力還變得更強。持續經營，成為我的每日功課，多虧了每日的練習，我漸漸可以敏銳覺察每一個瞬間出現的思考和情緒，無論是正面還是負面。在這個過程，不管是正面還是負面的情緒，我都選擇誠實面對，好好接受，自然放下，而不是逼迫或強調自己一定要保持在正能量的狀態或正面積極的態度。

　　這些年來，我變得比以前更珍惜自己。愈是珍惜自己，愈可以由衷地珍惜別人。今後我也將持續帶

著正念經營自媒體，讓自己成為能夠珍惜自己和他人的人。如果各位對於自媒體經營有興趣，請按照自己的步調，持續實踐。特別是如果你覺得活著少了些什麼，甚至覺得活著很辛苦，但是帶著正念經營自媒體，可以透過自我療癒克服情緒問題。我確實是經由這樣的過程，讓內心變得如此平靜，逐漸創造想過的生活，擁有屬於自己的幸福。以這樣的心態持續經營，可以跨越活得很辛苦的障礙，變得比現在幸福，也謝謝閱讀到此、與我相遇的你們。

開始經營自媒體以後，會接到一些廠商邀約，所以我有機會去一些企業內訓，或者參與論壇和講座，幾年下來，我平均每年會接觸一千個以上的陌生人。後來我才發現，除了一些特定職業（比如網紅、主持人、企業內訓講師等），一般上班族比較不會有大量接觸同溫層以外人士的體驗。

而透過這樣的體驗，我想要與你分享，不論是在線上直播，或是實際與粉絲接觸的時候，都要去觀察：當你感受到被貶低而憤怒，或是能量低落（例如相處後感覺疲累），代表對方的身體能量沒有向你的能量敞開（對方可能是故意，或者他現階段還無法自我覺察身上的能量）。

如上一節所述，我透過長期經營自媒體達到自我療癒，然而在初期遇到這種情況，我往往不知道如何保護自身能量，但是透過自我覺察，我發現不能給對方這樣的能量。這種人可能並不適合用療癒能量去相處，因為那會滋長對方「掠奪」你的療癒能量。當你注意到身體上的能量有任何損失或大幅降低，感受到不被欣賞、認同或是支持，請不要像以前的我一樣，還是持續給予對方療癒能量，而是該問自己，為什麼你還停留在那樣的處境？

如果今天這個人與你初次見面，你卻感受到沒來由地被討厭，或者不被欣賞，甚至被攻擊，那麼你可能遇到了「能量襲擊」。當遇到能量被重擊的時候，就是宇宙（或者可以說守護神、高靈等）給你的訊息，告訴你多留意現在正在做的事情，你可能把自身的療癒能量給了無法接受的人，或者他本身處於不知該如何接受的狀態。如果你忽略這樣的訊息，繼續處在那樣的環境，能量重擊會讓你發生意外甚至生病，看似負面的遭遇，其實是提醒。

　　當你發現自己遇到能量襲擊，對方還是一個再也不會見面的人，或是與你關係淺薄，更不會出現在你的同溫層中的人，請在這一段時間檢視你和心愛的人或家人的關係。這個人之所以會出現，造成你不舒服的感覺，可能是你現階段長期用某種方式壓抑自己而不自覺。如果宇宙無法傳達給你關於這些愛與親密關係的訊息，它可能會派個陌生人來引起你的注意，甚至造成極度不舒服的感覺。除了離開這樣的人與環境，更重要的是持續提升自我覺察，去面對你過度壓抑而需要正視與調整的部分。

　　多數人往往把時間花在無意義的事物上，比如試圖改變或控制對方，甚至講對方壞話，以八卦攻擊並

孤立對方。這其實對於增進個人的力量毫無意義。如果每個人都能清楚地自我覺察，這世界一定會更少這樣的問題。多數的問題其實不在於外在，而是自己。

回到這個最初的問題——經營自媒體的時候，如果遇到讓我不舒服的酸民，對我進行言語或人身攻擊時該怎麼辦？我的做法是，如果嘗試溝通卻無效，我會直接離開這樣的處境。比如，我之前直播遇到某個自稱醫藥廠商女主任的私訊，她對我咆哮，指責我在直播上罵她，說我無恥；其實我對於她的自行對號入座根本是黑人問號。但我發現，持續給她療癒能量反而造成自己情緒低落與身體疲累，所以後來遇到類似的情況，我就直接刪除或封鎖。

我也曾經遇過莫名瞧不起我的一位媽媽朋友，在我刪除她的 Facebook 後一直拚命道歉，希望我再把她加回好友。當下我除了錯愕她的兩極化情緒反應外，也感受到她那些脫序的行為與攻擊的言語是來自於婚姻中的不快樂與壓抑。但這是她自己應該面對的人生功課，而不是我該療癒她。所以，後來我就直接刪除她的留言。

特別是經營自媒體，在網路世界中，如果這個人

事物當下讓你產生許多負面情緒，你也可以選擇持續不回應，直到真的不生氣以後再回覆他（比如十年後）。其實很多時候，時間拉長，跳脫主觀意識，可以減少時間浪費在不必要的情緒與行為上，擁有更多時間提升自己與增加創作。自媒體是充滿療癒的有趣世界，別讓這些人阻止你享受。

在這本書出版之前，發生一連串男性和女性對於知名網紅創業家「理科太太」提出質疑與批評的事件。針對這個現象先不論真相如何，我想與經營自媒體的你分享一個你一定會遇到的事情，特別是女性自媒體創作者。

> **當女生愈吸引人，影響力愈大，就會遭到愈多的流言困擾。**

為什麼呢？答案很簡單，因為現在仍是父權社會，女性作為被挑選者，不願和這些掌握社會地位與多數資源的男性產生正面衝突。一些女性只好借助資訊不對等和輿論壓力，踐踏她們視為「潛在競爭者」的女性，這也就是所謂「女人永遠在為難女人」的現象；至於「厭女情結」的中年男子嫉妒女性 KOL 而大肆批評的現象，我稍後解釋。

我們可以觀察，從以前的狩獵時代到現在的社會，男性無論是在經濟、社會，還是生理與心理上，往往擁有極大的優勢和主權，這幾乎是個以男性為主導的巨大買賣市場，在這樣的市場，我們可以看到兩

種競爭：一種是買家之間的競爭，另一種是賣家之間的競爭。所以可以常見以下兩種狀況：

1. 男性與女性很少處於競爭關係中，兩性較少發生「正面」衝突

女性 KOL 甚少與同性合作（不像男生KOL擅長打群架）。在合作資源缺乏的劣勢中，一旦受歡迎的女性 KOL 與男性合作，又容易被其他女性 KOL 競爭者以語言攻擊，比如貶低對方：「她有很多男性合作對象，都是靠陪睡上位。」

2. 女性之間同性相斥，有時會透過詆毀對方來提升自己的身價

就像學校時期，女生愛搞小團體攻擊異己的方式，女生往往比男生更擅長用言語來批評她們的「假想敵」。更可怕的是，在面對具有潛在競爭關係的同性 KOL，女性會更激烈地貶斥對方，為什麼？因為黑化一個人是如此簡單，而且不需要任何花費，最重要的是會造成對方巨大損失（異業合作機會等）。

現實生活中，女性KOL 常常因以上兩種狀況困擾，網路上的酸民更擅長用這種方式詆毀假想敵，他們會努力讓更多人（特別是有資源的男性）注意到這

些假想敵，降低假想敵的吸引力。無論現實生活中或網路世界上，他們除了攻擊女性 KOL 的穿著打扮與容貌，還會貶低對方的私生活。

如果妳是女生，在經營自媒體之前我必須講一個很現實的狀況──女性KOL幾乎都被流言無情地包圍著，往往是以下情況：

1. **透過攻擊女性 KOL 的外貌或性來降低對方的價值。**
2. **透過攻擊女性 KOL 的名譽來貶低對方的社交貨幣。**

至於「厭女情結」的男性攻擊女性 KOL 現象，一部分的男性（可能比你想像的更多）完全不會考慮女生有許多生理上的劣勢，當看到接到業配或代言的女性 KOL 的時候，會想辦法與她競爭；當發現自己的年收入或生活品質比不上對方的時候，就會嘲笑、打壓。他們會一直與女性 KOL 比較，這種情緒是妒忌，可惜他們不願承認。而這些我都遇過，比如某男性合作對象告白不成，就傳裸照給我。

特別是知識型的女性 KOL。因為太聰明的女生無

法給男人安全感（特別是像我們這種不會裝笨的女漢子），男性酸民會想辦法在社會意義上征服妳。對於女性 KOL 來說，男人與女人都會設法讓她的身價下跌。這也是女性 KOL 在經營自媒體上遇到的挑戰。

　　當妳的影響力愈大，所需要的智慧與意志力就愈強，記得謹慎與潔身自愛，否則妳就像攜帶價值連城的珠寶進城，卻毫無武器防身，導致於身敗名裂。

如何利用自媒體連結人脈？

我一直以來都會在個人 Facebook 直播或發文中提到，經營自媒體是為了代替父母照顧巴金森氏症與阿茲海默症的奶奶，直到她逝去所喪失玩樂的十年黑暗童年。我在補償自己的心態下環遊世界，回到臺灣後有一段時間很低潮。當時，我一度認為，從小到大努力念書，到底是為了什麼？那時，我研究所休學，沒有技術，沒有人脈，更把積蓄花在旅費上而零存款，唯一剩下的是滿滿的自我感覺良好與信心（笑）。說真的，可能與人格特質有關，我天生對自己非常有自信，遇到想做的事情，我不會擔心無法做到；相反的，我常常會問自己：「該怎麼做，才能達到目標？」

如之前的文章提到，中學時期的我，就開始透過 Yahoo 奇摩知識＋經營自媒體。當時是為了轉移長期照顧臥病在床的奶奶的壓力，因此，我養成了一個習慣，直到現在都會這麼問自己：

> 「如果我可以透過自媒體，為這個世界創造價值，那會是什麼？」

如果你曾經擁有利用自己熱愛的事物而獲利的美

好經驗，那麼，回到公司上班絕對是人生最後一個選項（笑）。

　　有關自媒體的經營，一開始我是利用下班後的不離職創作，每年嘗試使用新平台，展開不同形式的內容分享（比如文字、直播等）。後來，我有了 Facebook 藍勾勾（blue badge）後，便開始直播＃一書一觀點，被更多廠商與公眾人物看到。我了解到，這個平台可以讓我突破人脈圈，接觸平常遇不到的人，這些厲害的網友也許可以給我機會，或者與我分享他是如何走到今天，如何在這個領域有所成就。

> 我在 Facebook 上想做的就是，1/3 的網友圈都是值得效法的對象，他們的思考與價值觀可以帶給我啟發；剩下 2/3 是理解我的朋友或與我合作過的廠商。

　　最初我的做法是，透過與高屏青年職涯發展中心合作每月一次＃一書一觀點的公益讀書會，邀請我想了解該領域的 KOL 來參加，結合書籍，分享自身經驗。就這樣，我邀請了一個有影響力的講者，他就會

介紹我認識另一個；而另一個又會邀請我與某某某見面⋯⋯我的人脈圈就漸漸擴展。

甚至我發現哪位作者的書籍值得推廣，我也會主動聯繫，自願在 Facebook 上宣傳他的新書。也因為我要幫忙宣傳，一定會看完書稿，在邀約時會特別對作者提到：書中哪個部分非常實用或者受到感動，於是想邀請你。這或許是讓我在串聯各領域的 KOL 有加分的地方吧？對於 Facebook 的可能性有更多了解後，我就逐步優化分享內容，這又讓受邀的各領域 KOL 愈來愈大咖。

2016 年到現在，每個月持續舉辦一場串聯各領域 KOL 的公益性質聚會。我心想，既然都已經建立了這樣的圈子，又在＃一書一觀點訂閱者的建議與支持下，在 PressPlay[3] 開啟了一整年的專案，每個月定期舉辦實體活動，與 VVIP 進行交流，甚至媒合每位 VVIP，擴大彼此的交友圈。直到現在，這個專案已經超過一桶金的訂閱額。

許多人很訝異，我是怎麼做到的？我沒有好的家世背景與優異的學歷，卻利用 Facebook 把厲害的各領域 KOL 聚在一起，互相交流，進而延伸出我所沒想

過的人生體驗，包括受邀媒體採訪、企業內訓等。後來，又有一些商業人士或我的粉絲，希望我教其他上班族如何優化自己的個人檔案，接觸到可能的顧客與投資者。

我從來都不覺得自己聰明，也不認為自己有智慧、技術、經驗、資歷，可能是我在自媒體所分享出來的能量與熱情會引來機會，吸引人來參加這些活動，再加上我天生就是發現了什麼對於周遭有意義的事物，便會忍不住向需要的朋友分享的個性。很多人可能覺得 Facebook 很無聊，但我卻透過有用的資訊幫助周遭的人，讓他們的生活與工作變得有趣，這也是當我擁有一些話語權後，我告訴自己應該保持下去的初衷之一。

如何與重要人脈接軌？

在直播或演講上，我一直提到浪費別人時間就是缺德，就是謀財害命的行為。因為世界上最寶貴的就是時間，特別是各領域的達人。在與這些網路 KOL 見面的時候，我不會一抓住機會就一直問他們意見（被當成免費諮詢顧問的感覺真的很糟）；相反的，我常常會與這些厲害的朋友討論三個問題：

1. 我很好奇，你是怎麼走到今天的成功？
2. 你現在的事業或是生活中最大的挑戰是什麼？
3. 我剛好知道這個領域的某某某，上週才跟他見面，有關這個問題你們可以聊聊？或許對於你目前的挑戰是有幫助的。

　　漸漸的，我成了這些「大神」們相互接軌的媒介，但我從來不向這些大咖朋友討工作或生意，即使發案給一些網紅或部落客朋友也從不抽成。2009 年至今快十年的人生，我就是這樣一直提供「價值」，讓他們知道我「在乎」他們；後來，我才學會如何賺錢。

　　前面所提的狀態或許可以解釋，為什麼我在沒有百萬粉絲的狀態下，PressPlay 的訂閱服務跌破眾人的眼鏡，總累積金額破一桶金。很多人會覺得我很幸運，可以透過自己的興趣（閱讀）在網路平台上獲利。但是某一段時期，我每天幾乎花超過十小時在自媒體上，沒有休假；曾經因為不夠照顧身體而造成健康失衡；男友常常抗議以我為生活中心，都在配合我，讓他沒有自己的生活──因為我宅在家裡創作，沒有陪他去約會。畢竟，我與男友是在馬拉松社團認識的，有一段時間，他無法理解我怎麼會變得與當初認識的 Meta 完全不同，這麼全心投入在創作與自媒

體上。

　　說了這麼多，我想表達的是，雖然經營自媒體的初衷是為了自我療癒，但一直到這本書的出版，包括在寫這篇文章的時候，我仍覺得自己是個幸運的人。直到現在，我依然努力讓自己的好運配得上自己的實力，也一直相信每個人都可以創造出自己想要的事物，如果我在自媒體創作上完全不在乎周遭的感受，也不可能有今天被看到的小小里程碑。

　　如果你可以每天清晨起床就開始創作，用全新的熱情，投入能量，一定會帶給你超乎預期、意想不到的好事。

「維真，妳不應該常常在 Facebook 上表達真實的情緒，妳已經算是這個平台上有影響力與話語權的人，應該時時刻刻表達『正向』的想法，因為大家希望從妳的自媒體內容中得到人生的解答與救贖。而且妳分享了自己的真實想法，很容易讓敵人或對手知道妳的思維與決策，或許會被當作弱點來對付妳，妳會被看穿。」

我永遠記得當時的震撼。那是一位五十多歲，來自馬來西亞的國際講師，同時也是跨國公司經營者，他如此「勸誡」我。

或許身為「老江湖」的他看過大風大浪，才會覺得「謹慎」為佳。但我的想法是，分享的觀點會隨著年紀與經驗累積而不同。如果今天在自媒體分享真實的想法而被抓住談判或合作上的弱點，那代表自己沒有持續成長，停留在分享的當下階段。

老實說，除了這位前輩的勸說以外，在我擁有 Facebook 藍勾勾後，有些人以為我是「公眾人物」，便

開始下指導棋。也有一些「粉絲」認為我是有話語權的人，不應該分享真實的想法與情緒：「維真，妳居然會公開抱怨？妳應該要一直保持正面形象啊！我對妳實在太失望了！妳不可以一直在直播上罵人！」當下我的情緒是百感交集的。首先，我在自己的版面分享情緒與真心話，是我的言論自由吧？如果你不認同，不要追蹤就好，眼不見為淨，雙方都愉快啊？再來就是，我覺得許多公眾人物朋友也常常會陷入類似這樣的迷思：

> 我不容許自己一直悲傷，我應該一直給世界
> 正向的能量與希望。

　　特別是這類型的朋友都會希望自己「更好」，對於現狀永遠不滿意。其實我有幾位名人朋友就是走不出這樣的迷思，也常見許多知名人物有偶包（偶像包袱），無法承認自己的脆弱，需要協助，然後陷入重度憂鬱症，突然結束生命，或者身體出現劇烈疼痛、過敏、自律神經失調等，來提醒他們需要面對心靈問題。

真實而不完美的「美」

　　首先，應該思考追求「完美」這個迷思。人生本來就不完美，特別是我觀察到許多公眾人物朋友看似一直幫助別人解決問題，卻幫不了自己，他們甚至有酗酒、過度消費等成癮問題。再來，大眾對於這些名人投射「完美」是很不公平的，即使在自媒體上有百萬粉絲，這些KOL依然跟我們一樣，都是個「人」。

　　如果你想永續經營自媒體，必須先在意自己的真實感受，不要壓抑自己去討好市場，成為你也不認識的假人。這也是我一直以來所分享的價值觀——你的真實想法永遠會反映在自媒體上，應該要重視真心分享的價值，比起那些只想成名而算計的人，你的成就與價值將大大超越這些人。因為，在這個不接受真話的社會，「真實」是討喜的療癒，許多人每天活著，都覺得自己被「利用」，或者從未了解自己真實的想法。

　　如果你持續透過YouTube、Facebook、Instagram……把真實的想法、好笑的圖文、有共鳴的電影、社會時事觀點、對於大家有幫助的資訊，甚至是你的喜悅、你的悲傷，以及你熱愛與正在做的事情，藉由一個適合自己的平台，持續分享自身的觀點。

> 你愈是在自媒體呈現真實的自己，大家就愈
> 容易接受你的不完美與缺點。

　　其實，一開始我經營自媒體的時候，Facebook 上仍有一部分的人想改變我的態度。可能在臺灣，我過於自主的言行會激怒一些保守派。這些看我不順眼的人，本來一開始覺得我自我感覺良好、只會自吹自擂，還有人因為價值觀不合被我婉拒合作而惱羞成怒，私下用言語攻擊我。但時間會證明一切（前提是你也要有能力挺過來），後來，愈來愈多人發現我發布的內容與自己的言行並沒有前後矛盾，而且觀點很實在（只是很刺耳），就算他們不喜歡我，也很少會否定我下的苦功與執行力。

1. 我不太管別人怎麼想、怎麼看我，自從我為了補償自己長期照顧奶奶而沒有童年的缺憾，於是去環遊世界，給了我言語與思想甚至是精神和靈魂上絕對的自由，並且讓我更珍惜當下。比起別人怎麼想，我更在意自己的真實感受。如果我對這個議題沒有興趣，即使廠商提出再優惠的合作籌碼，我還是會拒絕。

2. **相較於不理解我的人，我更重視一路以來長期支持與認同＃一書一觀點的追蹤者與訂閱我的服務的 VVIP。如果他們對我分享的內容有所疑惑，我都會一一解釋與解決問題，試圖讓他們理解我的成長。**

其實在這個網路時代，很多人是假冒偽善，或是過度正向、實則想要剝削粉絲的假性正能量者，這樣的人，可以在短時間內利用資訊落差操控恐懼，賺一大筆錢，但畢竟沒有人喜歡被利用，或許你只能爆紅這一次、大賺這一次而已。

當你今天過度自大，瞧不起你的支持者，社群網站上的一則發文就可能讓你的事業毀於一旦。比如，之前 PressPlay 就曾經有個自稱是皮膚領域的博士專家，後來被踢爆學經歷有問題，而被強制關閉專案。我完全不想要爆紅。或許有人羨慕那個專家可以月入 50 萬元以上，但比起這樣被踢爆的結局，我更希望各位與我一樣，在經營自媒體的這條路上，走的是穩紮穩打的長紅路線。

前面幾篇提到，如果經營自媒體的初衷是為了賺大錢或是成名，那你必須知道，不只自媒體，很多有錢人其實並不快樂。但是，每天熱情工作的人，沒有一個不熱愛生活。環遊世界五大洲以後的人生經驗讓我理解到，如果單純只有玩樂而沒有工作，我是不會快樂的。後來在與廠商合作旅遊部落客的期間，我開始思考，如何達到真心想要的目標與生活——閱讀與分享，同時又可以獲利。這也是＃一書一觀點頻道開始之前，我強烈的想法之一。

我們離開學校以後，生活當中一天大概超過十二小時都與工作相關，所以我希望自己的工作是會讓自己開心的，即使一開始沒有獲利，我都可以非常投入。要創造你想過的生活，它不能只是一份工作而已，如何讓自己的生活中天職占八成以上？

在開始＃一書一觀點頻道、透過訂閱服務獲利一桶金以前，我經歷了一段賺不了錢的日子，不是幾個月，而是好幾年，在那段時間裡，如果做的不是自己最愛的內容與分享，我真的很難持續下去。這也是每當有人和我分享他要開始經營自媒體的時候，我都會直接說出真相——如果經營的不是你非常有興趣的領域，當熱情遇到無法招架的現實，你很快就會放棄。

如果你和我一樣，對於自媒體提供的內容懷抱熱情，無論是多麼小眾的領域，你的內容與產品都比較能被大家看到，成為珍視與談論的標準。就像我一直以來碎碎唸不停重複的，經營自媒體其實就是佛教的「法布施」，要有「持續給予」的熱情。

我驗證一直以來我的經營理念是正確的——不管你分享的是什麼，與訂閱者交流，並讓他們參與你的成長，一定都會讓你賺到錢。在開始＃一書一觀點直播的時候，我只是想分享每本書實作後的經驗，並沒有想過任何商業獲利模式，但我會讓大家參與每集直播的過程。直到現在，接獲廠商的邀約，我也會先問＃一書一觀點的追蹤者想聽什麼，或者給我實質上的意見；接到直播節目主持人的工作時，也會先問過訂閱者的想法；甚至請教相關領域的朋友，而調整主辦單位的採訪稿。

> **讓市場決定自媒體的方向，但是你仍然要有自己堅持的主軸。**

這樣的熱情，可以保護你免於市場帶來的壓力與

挫折，而且可以讓你保持愉快，持續經營自己喜歡的內容。熱情，會讓你下班後累得要死時，還是可以打開直播，無償且開心地與大家分享。在你一無所有的時候，還能相信這樣的經驗可以帶來更豐盛的回報。在創造自己想過的生活之前，請找到「自己」，並且追隨自己的熱情，你會發現人生愈來愈不可思議。

我發現許多專家型的自媒體經營者，例如醫師、律師、會計師、工程師、學者，為客戶或是粉絲解決問題時，解說方式經常帶著過度專業的術語，這樣的回答往往會超過發問者的理解範圍。我國中時期，在Yahoo奇摩知識＋回答一些網友的問題時，就發現這個現象。這些專家類型的朋友往往拒絕給出淺顯易懂的答案，甚至會嘲笑門外漢初學者，讓他們感到被輕視與不舒服。

我一直覺得，真正的專業就是有辦法讓非領域的人也能理解你正在做的事情，所以，經營＃一書一觀點就是在我獨自弄懂書中知識與親自實作後，用大家容易理解與消化的方式解說，好讓想閱讀或者不知道哪本書可以解決現有問題的人覺得實用，甚至開始覺得學習非常有趣。

之前也有前輩朋友碎唸我這樣不行，他們認為我太親民，以致於給人專業度不足的印象；可是我知道，過度強調專業，會讓我和網友有距離，造成很多人不敢與我互動。也因為我並沒有給人太過「專業」的形象，反而很多網友願意或者不怕來問我問題。後來，我持續大量線上回覆關於閱讀與自媒體經營的建議，甚至是用電話。最後，終於統合了所有問題與意

見，以及我的自學經驗，寫成這本書。

在這個過程，我還想與大家分享三個部分：

1. 活出自己的人生原廠設定

在經營的過程中，我邊做邊摸索。我理解到，活出自己的原廠設定，保持真實的自我，才能長久下去。經營自媒體無法面面俱到，我喜歡簡化複雜的知識概念，並且提供給需要的訂閱者與網友，但是我並不想當個研究學者。而且相較於結果，我更擅長創造新事物，並且鼓勵更多創作者去創造自己的作品。

所以後來，我不會要求自己每年發起的每個活動與專案都要九十分結案。大概有六十分到七十分的程度就夠了。甚至我會請我的工作小夥伴協助收尾。

2. 比起數字，更在意與每個人的互動

為了可以專心製作與提供訂閱者更多有價值的內容，相較於粉絲數，我更在意互動程度。這樣說好了，一千個點閱數與五百則留言互動，在我看來會比一萬個點閱數卻只有一個人留言好。同樣的道理，我不在意自己的頻道是否有百萬粉絲訂閱，與其有一百萬個不常與我互動的訂閱者，一個頻道有百萬次的留

言互動要來得好多了。

3. 做自己的品牌

在網路上分享的內容，某些程度都代表了你的個人品牌。就如之前提過的，如果你可以在開始經營自媒體的時候理解到自己其實就是個品牌，當你離開公司去追求別的目標，會比別人更具有優勢。永遠記得，經營自媒體，你必須做自己，這樣才能帶著強大的能量去追求自己的熱情。帶著這樣的熱情持續度過每天，奇蹟的喜悅一定會充滿你的每一刻。

在被看到之前的「等待」，是老天給你的禮物

非常有趣的是，唯有完全依照自己的想法經營自媒體，才能被市場看到，搞出一點什麼讓人印象深刻；然而，熱情和耐心總是一體兩面，為了坦誠面對心中的熱情，在這條路上，你前進的速度往往會比追求爆紅的自媒體經營者來得緩慢。當然，一心想致富而走捷徑，透過流量炒作，並且真的賺到快錢的人也有，我看過許多人這樣做成功了，但是快速致富的爆紅自媒體經營者，一般來說，往往犧牲了長遠的身心靈財富──特別是心靈的平靜。

我舉自己的例子來說，我常常在＃一書一觀點直播中說道：

> 「你可以欺騙你的粉絲、你的市場，但你欺騙不了自己的心，你騙不過自己。」

我最初被市場看到是環遊世界的體驗，後來演講、企業內訓、上節目等邀約不斷，甚至還幫廠商發案給旅遊部落客與網紅。那幾年，很多人覺得我過得「很爽」，因為幾乎兩三天就待在不同的國家，甚至有機會到一般觀光客無法去的地方，但我很清楚地知

道，我不是真的那麼「愛」旅行。

「梅塔，妳到底還有什麼不滿意的？多少人
嚮往妳這樣的生活，出去玩又可以賺錢、出
名，吃住都有廠商買單。」

我記得在我提出終止合作的時候，與我比較要好
的廠商、朋友如此不解地問我。因為說實話，環遊世
界只是我送給自己大學畢業的「成年禮」，沒想到當時
幾年的旅遊熱潮（一直到現在旅遊還是很熱門的主題），讓我
意外地大量「被看到」，不論是媒體報導、節目採訪，
還是實體活動邀約。但我內心有一個強烈的聲音一直
告訴我：「這不是我真心想做的事情！」但當時的我也
還不知道該怎麼做，持續摸索中。

有一些經營自媒體的朋友也很羨慕我這樣到處
玩，還可以賺錢的生活方式，而我只能苦笑，畢竟可
以了解自己的人真是太少了。後來我理解到，分享自
己住過哪裡、玩過什麼……變成 SOP，這種定型的
「享樂人生」無法讓我更「成長」。這樣的生活我無法
持續一輩子。讓別人羨慕我，或覺得我過得很幸福，

跟可以與真實的自己好好相處的幸福，是完全不同的。

那麼，我的人生到底在追求什麼？什麼又是我一輩子可以持續的事情呢？那時未滿三十歲的我，嘗試把賺到的錢花在物質享受，比如名牌、車子、房子，以及所費不貲的保養療程，我卻一直感到空虛，這些人人都嚮往的物質生活，我完全不感興趣。甚至我為了追求刺激與快感，花了大錢在手機遊戲與博弈，然而短暫快樂後卻帶來無止境的失落。感情上也是，我找不到與我的價值觀有所共鳴，甚至擁有共同人生目標的伴侶，即使對方的外在條件非常好，我也不想浪費雙方時間，最後選擇分手。

為了找尋自己的天命，我以為環遊世界後可以找到人生的意義，但卻隨著意外被市場看到而更迷惘，很多事情不是有名有利就可以找到內心的平靜。我決定勇敢放棄當時透過環遊世界所帶來的影響力與獲利，回到南部老家，成天窩在自己的小書房。我只有機車，沒有名表、名牌，以及華麗的行頭，其實我大可不用那麼辛苦地創造自己想過的生活，但我沒有選擇一天過一天的生活方式，而是把當時換來的獲利都投入到自己的事業，並且傾盡所能打造＃一書一觀點──一個在線上與實體都能提供無與倫比內容與價值

的個人品牌。我從零開始直到現在，過了好幾年，擁有了想要的一切與想過的生活，也享受著與自己平靜相處的幸福日子（雖然我想要的可能別人不想要）。

穩健地累積實力

＃一書一觀點於2015年年底開始直播，當時直播的人不多，加上演算法的關係，每集幾乎超過五千人次的點閱率；直到現在，每集直播還是有數百位老班底觀賞。我關心的是收看者給我的回應和反饋，所以從來不看重數字的高低。我或許沒有百萬粉絲，但我知道觀看我的直播，甚至反覆收看者，都會把直播中的分享聽進去，進而改變自己的行為，影響周遭的環境。我寧願這樣，持續用適合的方式讓自己和周遭更好，一直到現在，我還是覺得自己是個很平凡的人。

講了這麼多，只是想與你分享，多數人在被市場看到之前都努力了好幾年。如果你很幸運，短短幾年就被大眾看到，並且獲利，那我建議把這樣的幸福分享出去，你會繼續長紅，而且更順利。

當然有些人經營自媒體，走的是炫富與裝逼路線，而我比較建議，即使你有一些特別厲害的技能可

以炫耀，也不要一直這樣，因為當你開始傲慢、有大頭症、擺起架子，就已經開始走錯方向甚至是退步了。雖然做自己很重要，但請持續把粉絲、廠商這些真心支持你的人放在最優先，找到平衡點，會讓你比其他有優越感的自媒體經營者來得更大氣。你要有心理準備，這樣沒有休假的日子會經過好幾年，唯一的休假可能就是三節之類的特別日子（而且很可能還沒有），能夠陪伴家人與愛人。

最後幫大家總結，所謂經營自媒體、打造個人品牌就是：

1. **耐心地持續經營。**
2. **打造專屬自己的 SOP。**
3. **過簡單而專注的生活，別亂花錢。**

等到你的自媒體開始獲利至少一桶金後，再考慮自己的「生活品質」。

因為我的成長背景，沒有人對我有足夠的影響力，也沒有人告訴我：「妳應該當個創業者，開個小公司，弄個小生意，認真打拚，透過自媒體在市場上獲利。」我周遭的朋友或上班族的爸媽，根本不可能告訴我這樣的建議。一般上班族無法理解從「市場」獲利這件事情。

後來，我開始想要改變，透過經營自媒體逐漸療癒自己，結交不同領域的新朋友。當時，我覺得應該可以朝著這條路走，所以花了很多時間，透過大量書籍、網路資源與影片來自學直播，開始有了#一書一觀點頻道。自我摸索的路上，沒有可以商討的對象。沒有人能夠建議當時沒自信的我：「無論妳在哪裡，妳是誰，妳的出生，妳的外表，只要妳真心認為自己擅長某件事情，願意投注心力，我向妳保證，妳一定會有所成就。」但我在毫無任何經驗與建議的狀況下，許多人很難相信的事情，我就是信了，且戰且走，一路到現在。

後來，有段時間是這樣的。我開了間小公司，短短幾年從處理行政雜務，進展到談妥生意。離開公司後，我又繼續學習到深夜兩三點。

> 我學習相關知識與技術、大量閱讀、認識各領域人士。希望在公司正式上線之前就讓我有足夠的積累，提供客戶價值，特別是在閱讀的推廣上。

　　隨著經營的時間久了，＃一書一觀點的訂閱群開始與我的直播或發文互動。有人留言，我就會私訊他；有人向我邀約，我也會答覆感謝。隨著一個客戶持續轉介下一個客戶；到了現在，這都只是日常生活。其實，人生最糟糕的狀況就是不改變；人生中唯一不變的就是持續變化。所以，別想太多，就去做吧！市場會讓你知道你行不行。

　　失敗，可以從中學習更多；但我也不允許一直停留在失敗的狀態。經營自媒體這個過程，不是學到經驗，就是得到合作，無論如何你都會有所獲。比起嘗試十次都幸運成功，不如嘗試十次，然後成功五次。後者會讓你獲益更多，也會更珍惜這些經驗。

　　我無意跟大家分享這首很美而且風靡全球的詩《每個人都有自己的時區》,但進入這一節之前,想與大家聊聊我最近的體悟。如果你想透過經營自媒體來獲利,甚至過著超越一般上班族的生活水平,可能要先知道:「個體我」vs.「客體我」。如果想要活出自己的時區,首先你要認清楚自己有兩個面向——外在的自己與內在的自己。

　　「個體我」指的是,重視自我感受,不考慮金錢等外在誘因,而是自己到底喜不喜歡這件事情的真實感受。「客體我」指的是,別人如何評價我,比如學歷、家世、職稱、人脈等等。

　　臺灣的文化下,可以看到許多男性在家庭與社會期待的壓力下,過度追求客體我而忽略個體我。這或許可以解釋為何許多男性在退休後,小孩子又長大的空巢期,才發現原來自己不知道怎麼生活,甚至有些人出現憂鬱症與躁鬱症等身心靈失調的情況。這就是客體我比重過大的狀態。

　　如果你覺得人生活出個體我很重要,而且還不到二十五歲,想要恣意地揮霍青春,說走就走去旅行,當然可以,因為畢竟年輕就是本錢。但若你現在已經

三十歲，或者即將三十歲，還沒有找到人生方向，那麼可以先來看看一個真實發生的個案——H小姐。個體我固然重要，但是大幅超過客體我時，特別是對於一般小資女性上班族或許是不幸，因為要完全活出「個體我」的人生，首先，「客體我」的籌碼要足夠。

30歲以前的「妳」必須做的事

H小姐三十歲之前都一直做著不到25K的助理性質工作；二十九歲與長期穩定交往（＝可以養妳）的教授男友分手，去國外打工度假；回來後，沒有成為外籍新娘的她，發現無法適應臺灣的工作環境與薪資，可是也不知道自己可以做什麼。

當然，她無法再回到以前的大公司當行政助理，因為已經年過三十的她，在人資部看來除了沒有累積專業，甚至在國外打工的經歷也是扣分，這段時間不僅無法為她的職涯加分，主管甚至會覺得她可能因為有海外生活的經驗而「意見多」，成為未來的問題員工，因此不錄取。

然後，彷彿突然被世界遺忘了一樣，H小姐開始迷惘。和她差不多年紀的女生朋友，有的已經是好幾

個孩子的媽了，或許婚姻不盡理想，但至少有個溫馨的家庭，或者老公可以養她，也有生活重心。而有的單身女同學已經當到主管，高階主管的同學們至少可以選擇愜意的獨居生活，不像 H 小姐每天還被「不在同一個屋簷下」的老母碎唸：「快找個有錢的男人嫁了！」H 小姐突然想到，為什麼人生一過三十，整個世界都變了？

「我怎麼把自己的人生走到這局？」

此時，她才知道前男友多麼照顧自己、前公司有很多福利。H 小姐的二十幾歲過得太順利、太好運，她一直任性地活出個體我，不懂「擁有」值得珍惜，也沒有累積客體我的籌碼，導致三十歲之後因為客體我的籌碼不足，無法繼續選擇以個體我為主的人生。

不論是事業還是家庭，H 小姐瞬間迷惘了。然後，身邊出現利用她迷惘的直銷、保險、身心靈等課程與團體，一直要她掏錢。她不知道該怎麼辦，也無法與家庭主婦的母親討論，幸好母親目前還不需要經濟支援與照顧。

我忍不住問：「所以三十歲之前，妳從來沒有想過該怎麼規畫自己的職涯與人生嗎？」其實，並不只 H 小姐沒有思考過，許多人一直到遇到問題後才發現早就該調整人生。這些問題浮現以前，其實幾年前就一直存在。我相信很多人在二十幾歲的時候淨是追劇、逛街、喝下午茶、上下班這樣度過，然後到了三、四十歲，甚至中年失業後，一些問題開始逼迫自己不得不正視它們。很多事情，學校是學不到的，也沒有完整解答。市場永遠會給你很現實的答案，只是學費往往很貴。

　　在我二十幾歲開始經營自媒體與累積其他專業的時候，常常不被像 H 小姐這種類型的女生（包含我老妹）所理解。我知道自己無法過著靠老公養一輩子、當個全職家庭主婦的生活；我也知道如果要過著個體我與客體我平衡的生活，就必須在年輕的時候多累積客體我的資產，來讓個體我有更多選擇的籌碼。因為我看過很多幸運的女生年輕時過度活出個體我的人生，導致中晚年不幸的案例。而這些曾經嘲笑我的女生，後來遇到問題以後，也開始認同我的觀點。

人生必須達到「個體我」與「客體我」的平衡

　　回到經營自媒體，我想透過自媒體按照自己的想法過生活，讓收入與生活平衡，也就是達到客體我與個體我的平衡。當然我也不會批評 H 小姐之前選擇的生活，只是以終極目標來說，我喜歡平衡的人生。

　　有很長一段時間，我和一般上班族不太一樣的是，下班後的晚上八點到凌晨，我一直持續透過自媒體發布內容，每天至少一篇，從來沒有停止過；外加週末除了演講或節目邀約（此外還要陪伴家人），幾乎所有時間都花在自媒體的經營上。我平均每年都會接觸一百個以上的對象，有助於經營自媒體，或是讓我更進步，見識更上一層樓。只要與合作對象交流，我就會利用 Facebook 的「品牌合作」功能。

　　到了自己開了小公司，但還沒錢請員工的時候，我的假日仍然每天花超過十小時在做這些事情；平日下班也至少每天花一小時在這領域上，很累很累的時候也是。當然，這樣不健康的生活無法持久，所以當時我設定三年，為上班族的「客體我」累積更多籌碼，選擇經營自媒體的「個體我」生活。

雖然我常說選擇比努力重要，但如果選擇的是熱
愛的領域，並且拚命努力，那你的人生時區會更絢麗
幸福。你的個體我，想過怎樣的生活呢？我期待你的
來訊。

　　我還記得，開始透過自媒體獲利並且開公司的幾年前，我過得滿慘的，怎麼慘呢？大學畢業，領著少少的22K，努力畢業換來的是早早上班、晚晚下班，還沒有讓老闆留下好印象。然而，縱使獨自對抗讓我身心俱疲的加班，以及差點毀了我的酒精與購物成癮，我還是持續經營自媒體。我知道，上班或一直換工作，無法創造自己想過的生活。至少環顧四周，沒有一個同事過著我想要的生活。我不是不尊重職場的前輩，而是我真的不希望月薪不到3萬元、三十歲前結婚生子、上班一輩子到退休，然後終老，end。我不想年復一年做的都是同樣的事情，花費時間與金錢，卻從來沒有為自己好好過一天。我無法接受一輩子只有22K的自己，所以後來離開臺灣，選擇到某日本二代的東京公司工作。

　　有一段時間，我離開日商，早上吃素，早睡早起，每天運動，同時持續經營自媒體，基本上顛覆了生活的每一個面向，包括身體、心理、情緒。除了體重下降、皮膚容光煥發、自我感覺良好，心靈也變得敏銳，而且睡得更好。當時我心想，我能在這樣短的時間就做出這麼大的改變，假如我全職經營自媒體，能否翻開生命中的新篇章呢？

不過，當時我還不確定自己該朝哪個方向前進，無法以經營自媒體維生，直到開始直播＃一書一觀點。當時，還是非常拙劣的門外漢素顏直播，但第一集直播的累積點閱率超越五千人！我簡直不敢相信。於是我開始明白，社群媒體工具可以為我做些什麼，即使我不知道如何把自己的自媒體內容轉化成有形的事業，但我相信，＃一書一觀點的內容有力量。而且我有信心，若我更努力投入，收益一定會出現。

　　然而，在還沒想清楚＃一書一觀點的獲利模式之前，我並沒有透過和廠商簽約，從觀看人數上獲利。其實，我不在乎可否透過 Facebook 這些平台賺錢，當時我唯一想做的，就是持續透過＃一書一觀點提供有價值的內容、娛樂、資訊，用我的文字和直播幫助訂閱者。我不求任何回報，因為我知道，這群受眾未來會回饋我，即使我還不知道怎麼做。

　　我沒有像一般的 KOL 持續讓粉絲人數增加，而是確保關注我的人都花時間追蹤與信任我在做的事情，並且從我身上吸收到對他們人生有助益的事情。＃一書一觀點讓大家看到透過閱讀持續實作的實踐心態，本身就有強大的力量，同時也能給予他人力量。

漸漸的，我發文不再只是為了好玩，而是會認真思考提供給訂閱者什麼有價值的東西？後來，我更投入在 Facebook 直播、貼文，以及與＃一書一觀點收看者互動。當時常引發男友與家人的不諒解，比如男友覺得我手機成癮很嚴重，一起約會和吃飯的時候總是「人在心不在」。後來，PressPlay 訂閱服務創造破百萬收益的時候，百分百證實了我的觀察——我之前曾在＃一書一觀點說過，社群媒體上，追蹤者的質大於量，與其認識一百萬個漠不關心你的追蹤者，不如認識一百個真心願意幫助你的鐵粉。

約莫在直播一年後超過了三百集，本書主編問我有沒有興趣寫書，當時我心想：「喔天啊，我居然要出書了，應該有人會透過書籍找到我，所以我也必須要有些東西與服務可以給這些朋友！」因此，我在 2018年年底前，除了 PressPlay，也與鐘點大師[4]、LINE 平台合作上架服務（2019 年即將可以在 LINE 的「通勤學」上購買我的音頻）。但這中間，我依然會有自我懷疑的時候，讓我持續堅持下去的力量，是當初低潮期所立下的心願——希望自己的人生經驗可以透過自媒體幫助更多的人。

4 鐘點大師 二〇一六年正式上線，提供自由工作者接案的交易平台。

「梅塔，我本來覺得自己人生一手爛牌，但看到妳分享自己沒有童年與辛苦的過去，我就覺得自己應該振作。因為連這樣平凡的妳都可以有今天的成就，我不該再拿自己的原生家庭作為藉口。我要好好努力。」

　　曾經有好幾位網友說，我的自媒體改變了他的人生。＃一書一觀點可以讓這些人變得有勇氣，開始面對自己的人生，並且轉變，可能是來自於我一直強調實作與改變的力量。希望大家可以透過自媒體開創自己的故事、適當坦白自己的脆弱、自我覺察生命中常常忽略的東西。也許你目前處於低潮，但這樣的感覺不會持續下去，只要不斷前進，情況一定會轉變。

這大概是我在線上直播或實體演講中最常被問到的事情。之前稍微提過，我一直都覺得，選擇比努力重要。如果你和我一樣，無法天天寫太多字數的文章，或者對於網站 SEO 完全沒有興趣，而是比較喜歡與網友即時互動，那我建議或許可以放棄經營部落格，直接選擇直播或影音平台。

了解自己的屬性，把自己放到適合的平台從零開始，並不可怕；可怕的是，沒認清楚自己、沒選對適合的方法。像我摸索多年後，很慶幸 Facebook 在開放直播的初期，我就投入嘗試，擁有了「先驅者」的優勢。總之，不論你選擇了哪個平台，當你從零開始，都可以創造機會。

我比較熟悉 Facebook 與 Instagram，所以分享這兩個平台經營上常用的 tips，希望對大家有所幫助：

1. 善用 #（主題標籤）

相信不用我再多說，善用 # 可以為你帶來神奇的機緣。比如這本書的出版，就是因為在 # 一書一觀點上使用「#」而被看到，就此改變了我的人生。在此之前，我沒想過自己可以出書成為「作家」。你永遠不知道神奇的 # 為你開了什麼門。

2. 持續私訊

　　直到現在，我遇到喜歡的作者或想邀請合作的創作者，都會持續提出互利的合作方式，可能因為我有Facebook藍勾勾效應，對方都會注意並且回應我。我也很感謝這樣的長期策略讓我認識到了平常生活中根本不可能相遇的神人，這就是網路世界。

　　不論是哪個平台，只要有機會，我就會提出「聯名合作」，或是給予對方推廣產品的建議。當然，私訊邀請或是與陌生網友建立關係，本來就不是容易的事情。如果你擔心太過突兀，甚至是得罪本來想建立關係的網友，那麼，以下分享我如何與想認識的作者聯繫：

Dear ○○你好
我是#一書一觀點的創辦人維真
明年也即將出書 →【建立共同點】
跟青年職涯發展中心合作每月一次的公益讀書會超過三年，看到您的這本書很受感動，不知道明年有機會邀請您來分享嗎？
時間是○月○號，車馬費＋半小時新書分享××××元上下 →【目標明確】

以下是個人網路關鍵字與名片 →【讓對方知道你在哪

個領域】
「許維真 自媒體」「許維真 旅行」「一書一觀點」
目前擔任澳洲達爾文微熱少女 BD
1. 梅塔頻道：https://goo.gl/cWb9he
2. 梅塔社團：https://reurl.cc/O0OD9
3. 梅塔訂閱服務：https://reurl.cc/EnADA
歡迎跟愛書的朋友交流

　　之後，我會主動提到：「除了這次的講座，後續還可以共事，或者需要什麼推薦或幫忙，我都很樂意協助！」這樣會很奇怪嗎？當然不會！現在的年代，大家都很忙。許多訂閱我的服務的 VVIP 都說我有一種神奇的能力——在網路世界，透過社群媒體，把有共同價值觀的朋友們串聯在一起；然後從我提供的服務中能獲取最多價值的人，無論是獲利、名聲，還是達成 KPI，這樣的人往往都是鐵粉。不論你用哪種平台，我都建議類似的過程與方法：

> 主動而且有禮貌地聯繫，提供對方「雙贏」的合作條件，努力創造長期且共好的合作成果。

再舉一個實際的例子，我不會向有影響力或有資源的朋友討案子或人脈，我知道這些公眾人物總是被人企圖從他們身上得到「什麼」，而且每天幾乎都被好幾百封私訊洗版，無法馬上回應（一個月看一次就不錯了）。如果你要結交厲害且有資源的朋友，並且擁有長期穩定的友誼，請一定要記得一件事情──不要讓對方覺得被利用或者被消費等不舒服的感覺。就像我永遠只講重點與提供雙贏的合作。不妨用心做功課，研究對方的事業或生活上「需要你的地方」。如果你擁有可以將對方的需求填補起來的知識與技術，也許就能認識這樣的貴人。

　　你可能會說：「梅塔，我又不像妳，可以幫對方的品牌曝光與加分，我也沒有資金！」那可以思考看看：假設你是酒商，可以免費提供三個月的酒；你是工程師，可以幫對方架設網站；你是設計師，可以幫對方製作 banner。至少一個月與對方私訊互動一次，每次都提供「福利」。這並不是討好，要讓一個完全不認識你的人開始信任你，本來就要有半年以上的準備，而當這樣有影響力的人士開始與你有合作關係，他其他擁有資源的朋友就會看到與你聯名合作的好處，主動聯繫你。甚至與你合作的這些有影響力的朋友，會轉介優質客戶給你。

許多人擔心被拒絕或是已讀不回。但若你持續聯繫，一定會找到某個願意給你機會的朋友。珍惜這些有影響力的人的時間，並提供對他們有幫助的事物與資源，你很快就能提升自己的人脈圈與水平，而且交到許多朋友。

　　這種方式一開始非常冗長無趣，而且在很多人眼裡是浪費時間，可是這也代表會去做的人很少，我喜歡去嘗試有利基但是辛苦的事情，因為去做就會勝出、被看到，當然下廣告或是付錢找公司合作也是一種方法，但如果你和我一樣從零開始摸索，或許你可以嘗試這一步。

實 戰

這 就 是
訂 閱 服 務
破 百 萬 的
祕 訣

Chapter 2
3kill

訂閱賺進一桶金的交易過程公開

2018年，許多定期收看＃一書一觀點的朋友問我可否「打賞」，因為他們很感謝我2017年整年持續在Facebook透過直播，免費分享有用的書籍實作資訊。

或許大家並不相信，其實我並沒有特別宣傳訂閱服務就達到破百萬的營業額；甚至在這本書出版之前，我還未開始預告2019年的訂閱服務，然而不到兩週，累計訂閱金額就突破40萬元——全都是老客戶回流，主動訂閱！合作的平台廠商也覺得不可思議：

> **「梅塔，為什麼妳在沒有大力宣傳的情況下，一堆人捧著錢報名？」**

後來，與幾位公司經營者同時也是我的 VVIP 聊完後，我突然明白，原來商場上「賣自己」是最難的，原來讓超過50％的老客戶主動續約也不是那麼簡單的事情。

那麼，究竟我做了什麼，讓客戶願意購買，讓老客戶主動續訂？我將在本章仔細分享自己的實作經驗。我發現關鍵在於，天生對人充滿好奇心的我很喜

歡「問問題」。

「我想好奇問一下……」

我常常是這樣開始無所不問的（笑）。在訂閱服務破百萬之前，我從來沒有被數字追著跑，或者追求KPI，我的思考模式就是透過提問與交流，掌握客戶的需求和問題，也是與客戶建立良好關係的核心。

不論是想經營自媒體、嘗試訂閱服務，或是閱讀本書的你，都可以將製作訂閱服務變成一種「幸福的工作」；讓訂戶（我還是習慣稱呼 VVIP）變成你人生中的天使或貴人。經營訂閱服務所帶來的喜悅甚至可以給你新靈感，改變你的人生。那我們就開始吧！

「日行一善」的訂閱服務型態

我嘗試做訂閱服務，其實也是誤打誤撞，從零開始摸索。我並不是職業網紅或是專職KOL，許多領域都是邊玩邊獲利，所以，當 ＃一書一觀點的收看者想要「斗內」（donate）的時候，我並不希望與粉絲僅止

於一次性付費的關係，當時我正在思考，這個訂閱服務要如何讓他們的生活過得更豐富？事實上，我真的收到許多 VVIP 的回饋：

> 「梅塔，謝謝妳教了我好多，大概省了幾十萬的學習試錯費。」
> 「原來○○○的問題這樣就能解決，太謝謝妳了。」
> 「梅塔，我終於脫單了！謝謝妳告訴我之前行為跟思考的盲點。」

　　即使並不是全部的 VVIP 都會滿意，但仍表示我所提供的服務內容對於客戶的生活帶來靈感與幫助。經營這樣的訂閱服務是很幸福的，因為可以獲利，同時得到客戶的回饋，也感受到他們的喜悅。

　　那麼，為什麼我可以一邊玩，一邊「做好事」，還一邊獲利呢？除了我喜歡「無所不問」之外，還有一個祕密，也與我的價值觀類似，就是我的屬性——喜歡與周遭的人分享有用的資訊。如果大家因此得到幫助，我會發自內心感到喜悅。我很珍惜「提供服務，

幫助客戶，讓 VVIP 滿意」的心情。

> 「訂閱一整年的服務，可以解決你什麼人生
> 問題呢？」

　　我總是帶著這樣的想法，與粉絲交流時都以「問句」開場。以下是某個臺南老闆訂閱的過程：

Meta：Boss，謝謝你主動問我訂閱的事情，請問你怎
　　　會想訂閱我這個屁孩的服務哈哈？

Boss：梅塔，其實我觀察妳很久了，我自己開教育訓
　　　練機構，妳知道嗎？個人品牌變現或是推銷自
　　　己，都是不簡單的事情，但是妳創造了很有趣
　　　的人生變現商業模式。

Meta：咦，怎麼說？我只是一直做自己開心的事情啊
　　　哈哈！

Boss：事實上……

　　我自己開了公司以後，除了常常開玩笑地說「不

要想不開去創業」之外，也理解到，老闆當愈久，可以暢談的人就愈少，特別是養的人愈多，責任就愈大。就在我認真聆聽這位老闆吐露心聲的當下，突然產生了一個念頭：「我的訂閱服務可以幫助Boss。」沒錯，我的動機非常單純，就是透過我的所知與現有能力幫助他人而已。

１０分鐘內讓潛在客戶主動訂閱

聽著這位老闆侃侃而談的時候，我的腦袋浮現出兩個想法：

1. **我的訂閱服務可以幫助這位老闆，開啟他專屬的獲利模式。**
2. **我的自媒體經營經驗與人生商業模式，可以派上用場。**

於是我有感而發，很自然地提到：「所以需要給Boss我的2019年訂閱服務連結嗎？」「好啊！」這位老闆於是手刀付費。在短短十幾分鐘的過程，除了最後一分鐘的成交，我完全是傾聽的一方，他甚至不清楚這個訂閱服務的具體內容。

「我已經買了，那麼請問2019年的訂閱內容到底是什麼？」
「我現在就來跟你說明！」

　　因為，傾聽完這位老闆的話，我可以掌握他的需求——想要了解年輕人如何透過網路平台獲利，於是我立刻解釋對他實用的部分。

　　這就是我與客戶約十分鐘的線上討論內容與訂閱服務成交的過程，而且不只交易，我們還成為了特別的朋友。「梅塔謝謝妳，光是剛剛線上的討論，我就感受到世代的不同，產生很多靈感。」

　　以上就是我的「好奇發問」與「日行一善」的訂閱服務型態。在下一節，我會針對「好奇發問」詳述實際案例。

> 為什麼銷售訂閱服務，可以在尚未與客戶見
> 面的情況下，透過網路討論，達到成交？

因為，對方已經透過我長期經營自媒體的過程中，理解我一直以來所做的事情與初衷，再加上我引導對方訴說自己的「需求」與「問題」。其實不少VVIP都會對我表露心聲。我對於人與人之間建立關係的看法如下：

> 人際關係的建立與見面次數並無關係，重要
> 的是對方了不了解你。

我希望這是一個可以讓VVIP感受到「能夠認識妳真是太好了！」的訂閱服務，所以一直努力思考該怎麼做。人與人之間要建立起互信的關係，就從分享生活點滴與人生經驗開始。只要了解對方過去、未來、現在的人生時間軸，就可以彼此交流，產生共鳴，我的訂閱服務就是建立在這樣的關係。

常有 VVIP 說：「梅塔，我是第一次跟別人講這些，家人也不知道。」「奇怪，怎麼時間過得這麼快！」這表示談話中的我們已經有了分享彼此的共鳴，而且能夠坦誠相待。客戶吐露的真心話中，潛藏了他的需求與問題；而在談話中，我也產生了「日行一善」的動機。這樣子，你就不只是單純銷售，而是以協助「朋友」的立場給予建議，並且開心成交。

那麼，可以讓這種狀況出現的關鍵又是什麼？就是「好奇發問」。也就是帶著上一節提到的「日行一善」心態，對客戶「充滿好奇」，並且「問對問題」。然而，如何帶著「日行一善，幫助對方」的單純念頭呢？首先，一定要讓客戶主動講出真心話，再讓對方產生訂閱後可以改變人生的想法。

以下，我會整理經營自媒體和訂閱服務時經常使用的問句，希望幫助有興趣嘗試訂閱服務或者想開發客源的朋友提升獲利。

如何「問對問題」？

首先，我想談談一直以來經營自媒體與訂閱服務的原則：

> **提供有用的資訊，給需要的人。**

　　只要考慮對方的感受，提供對於客戶而言「實用」而且「需要」的資訊與服務，他們就會願意購買。

　　但是，一般我們所知道的推銷，往往是直接進入正題——說明與介紹商品或服務，就像電話行銷，多數人應該都無法耐著性子聽完，沒多久便打斷對方：「不好意思，我現在很忙，所以你結論到底是什麼？」畢竟，沒有人喜歡被強行推銷、強迫購買。

　　多數人在面對潛在客戶時無法與對方擁有共鳴，建立一定程度的關係，原因在於不會「問對問題」，有時也是因為客戶往往不了解自己的需求。然而，我的VVIP多屬於即使我並未推廣訂閱內容還是會購買，甚至主動給予善意回饋的類型，大家應該也希望自己擁有這種好客戶吧？

　　我只是一個願意傾聽客戶心聲的訂閱服務提供者，以下是我的幾項實作經驗：

- 人是這樣的，很少人會討厭對自己好奇的人，自然也會回應關心自己的人。
- 一般會聊到的話題，諸如「工作」「生活」「感情」「目前遇到的問題」「人生課題」等，當針對這幾個面向，問出對方的核心疑惑，就是你的訂閱服務派上用場的時候。
- 潛在客戶訂閱之前，我會主動跟他分享偶然看到的某則資訊或某個觀點，讓他理解我經營訂閱服務的初衷，而且認為訂閱後會對自己有所幫助。

「我的訂閱服務，就是為VVIP提供實用的資訊與客製化的服務。而我只是單純覺得這個資訊非常適合你，希望對你有幫助。」

這也是我常在直播中說的話，我真心希望有用的資訊自由地流動著。

除了前面提到「日行一善，幫助對方」，在進到第二個成交觀點前，我想與你分享，人是「感覺產生想法，想法產生思考，思考產生行動」。這就是為什麼我常問：「你對○○有何看法？」「關於○○你覺得如何？」知道對方的感受與想法，就可以理解他的思考邏輯與判斷標準。問對問題與聆聽的能力是很重要的。

培養更豐盛的訂閱服務內容

不論是經營直播與訂閱服務，或是朗讀我改寫的祈禱文，我都會持續地「自證預言」（Self-fulfilling prophecy）。也因此，我的自然發問出自於自己的興趣與真正的關心，對方都很樂意回覆我。

以下是其中一篇我常唸的祈禱文（可以在睡醒、泡澡或睡前朗讀給自己聽），有助於你培養「日行一善」的心態，對他人充滿好奇心：

每一天，我隨時準備好接受這個豐饒宇宙的恩賜
一切生命的美好都輕鬆地降臨在我的生命中
我值得接受最好的一切
這一切也正在接近我
我接受得愈多，就能給予愈多

我愛這個世界，世界也愛我，我可以活得快樂又有成就

我現在就擁有自己需要的一切，足以讓我好好享受

我愛，並且欣賞這個真實的自己

我愈愛自己就愈有能力去愛人

我正在吸引一段美好的（金錢）關係

我和○○○（VVIP、客戶、廠商）之間的關係，每天
都變得更愉快並讓人滿足

我現在擁有一份令我滿意、年營收○○○萬元的訂閱服
務事業

我對於自己的志業充滿熱忱，我的思考有創意，獲利也
很優渥

我有源源不絕的創造能量

我享受輕鬆與玩樂的時光

我可以很清楚且有效地與人溝通

我擁有很多時間、精神、智慧、金錢去達成自己所有的
心願

一邊玩，一邊做好事，又一邊賺錢的每天，很幸福

擁有我想要的一切很棒

這是一個更豐盛的宇宙，我們每個人都可以擁有很多

豐盛而富足，可以用來形容我目前的狀態

我漸漸認識到自己的天命，並接受老天給我的安排

感謝老天賜給我健康、快樂、任我揮灑的每一天

最常用的 3 個問句

我在與人互動時，總會提到這三句話：

①「可以舉例一下嗎？有點不太懂……」
②「為什麼？」
③「所以說，你的結論是……這樣嗎？」

這樣的提問模式幾乎是內建在我的反應裡。前面提到，人是「感覺產生想法，想法產生思考，思考產生行動」，所以用這三個問句去探索潛在客戶的內心世界非常重要。

以下是我結合這三個問句，與潛在客戶分享訂閱服務的實例：

Meta：我剛那篇文章是結合○○的實作，譬如說你
　　　一般運動的時間是幾點呢？　→【①「舉例來
　　　說？」】

VVIP：喔喔我常常是一早起來就運動再進公司。

Meta：為什麼是一早起來運動而不是下午呢？
　　　→【②「為什麼？」】

VVIP：其實是因為覺得一早運動流了汗，精神更好，
　　　工作也更帶勁哈哈！

Meta：所以說幾乎都是每天早上進公司前運動嘍？

> → 【③「所以你的意思是⋯⋯」】
>
> VVIP：哈哈是的。
>
> Meta：不過其實這本書是建議最好下午很累的時候再
> 　　　去運動，加倍時間使用的效率，原因是⋯⋯
> 　　　blah blah blah。
>
> VVIP：原來如此，真的很謝謝妳，我沒想過原來可以
> 　　　調整成更有效地運用時間。對了，我可以問妳
> 　　　的訂閱服務內容嗎？

超實用的 2 種進階問法

　　除了前面提到三個問句，還有兩種方式很實用，就是「延伸挖掘法」與「重複句尾法」，可以將前面三個問句與以下兩種方式搭配使用。

① 延伸挖掘法

　　假設對方說自己的職業是老師，我就會繼續問：「請問是教什麼科目呢？」透過話題的延展，讓發問更具體，問出精準的內容。

② 重複句尾法

重複對方最後提到的字彙，並進而討論：

VVIP：梅塔，妳的訂閱服務到底在做什麼呢？

Meta：你認為這訂閱服務是怎麼回事呢？哈哈！

VVIP：這個訂閱服務好嗎？

Meta：好的定義是什麼？你覺得呢？

我經營訂閱服務的時候，經常使用這三個問句和兩種問法，就足以讓VVIP不斷與我交流，給予我靈感的激盪。

「提供實用的資訊」「探索真實的想法」「講出真心話」，一直以來都是我經營自媒體與訂閱服務的價值觀。持續練習，你也可以發現自己的成長。

最後再為大家總結三個重點：

1. **與潛在客戶見面或討論前，先思考如何「日行一善，幫助對方」。**

2. 帶著好奇心，運用三個問句＋二種問法，問對問題。

3. 聆聽客戶的心聲，挖掘出他們的需求與問題，再提出自己的訂閱服務能夠如何協助他們。

　　在接下來的小節，我將公開經營自媒體與訂閱服務中最常使用的問句與成交的過程，以下都是來自於真人真事。

Meta：親，謝謝你訂閱＃一書一觀點一年以上了，我今年也嘗試新的訂閱服務，想問一下大家在生活中有關時間管理的問題，待會中午你方便我用語音打給你討論嗎？　→【聰明發問 ①】

VVIP：好啊，那我們待會中午線上討論。

Meta：那另外我想詢問一下，你之前有看過其他時間管理書或是上課嗎？

VVIP：有的，因為覺得事情愈來愈多，怎麼做都做不完，而且隨著年齡增長，情況愈來愈嚴重。

Meta：那老師教過，或是看完書籍然後實作後，狀況都一直這樣嗎？

VVIP：嗯，執行度不好。這樣好了梅塔，我乾脆訂閱妳的服務，今年請妳當我的線上教練，全方位監督我吧（笑）。

「Hello！○○，請問你對目前訂閱服務的感覺？有什麼需要加強或改善的地方嗎？」

Meta：咦，你知道我的訂閱服務？

VVIP：是啊我知道，不是兩週內上線就超過50％的回購率？

Meta：哈哈太害羞了！不過訂閱平台目前還有很多狀況要調整。

VVIP：是嗎？我還在想說要不要訂閱呢？

Meta：謝謝，聽到你這麼說，真的好「港」動開心喔（笑）。事實上我最近還幫VVIP準備了開運實作交流會，以及……

VVIP：真的嗎？我好有興趣喔！這個在外面上課的話，費用很貴耶！

Meta：說到這個，我想請問你對於目前的訂閱服務，有什麼需要加強或改善的嗎？還有你對於其他訂閱服務的感覺？　→【聰明發問②＋順便市場調查其他訂閱服務創作者遇到的問題】

「咦！○○！好開心今天你來參加這場實體活動，怎麼會想找我呢？」

Meta：今天真的很開心見到你們。

VVIP：不要這麼說啦，我還要謝謝妳願意來我們公司分享。

Meta：你待會還要開會吧？幾點？我想先去喝個咖啡，請你喝吧？

VVIP：梅塔妳也太親民了啦！受寵若驚。

Meta：嘿嘿，因為我要跟你請教怎麼會想找我合作呢？ →【聰明發問 ③】

VVIP：因為我覺得妳經營自媒體的經驗對我們公司有幫助，特別是妳經營○○的部分…… →【請合作客戶反饋】

　　真實的力量很強大，「你怎麼會想見我？」這種單刀直入的問法，往往可以讓客戶表達真心話。

> Meta：我可以問一下，為什麼會選擇這份職業嗎？不好意思，我不懂這個領域，很門外漢哈哈！
> → 【聰明發問 ④】
>
> VVIP：我當初會選擇這份工作是因為⋯⋯blah blah blah。
>
> Meta：原來如此，那請問這份工作做多久了啊？
>
> VVIP：已經超過十年了！
>
> Meta：十年！好厲害，我目前持續超過十年的領域只有吃飯跟閱讀吧（喂）！可以問一下怎麼持續那麼久呢？
>
> VVIP：因為我本來就很喜歡這份工作，特別是○○的部分，就像梅塔經營＃一書一觀點到訂閱服務的過程，我還在想，如果有機會參加妳的實體活動的話，也想成為妳的 VVIP 呢（笑）。

　　有時候，我會問一些看似與訂閱服務毫無關係的話，因為我很重視潛在客戶的人生與價值觀。問潛在客戶過去的人生體驗或豐功偉業，其實是最快拉近雙

方距離的方式。一般來說，只有少數的好朋友、親密的家人，或是參與當下的同學、同事，才會知道我們的過去。當你知道對方的往事，就有類似「好友」的感覺，同時，適當交換自己的私事，再進入正題，是加分的方式。

「請問，這次為什麼願意聽我說，又跟我聊這麼久呢？」

> Meta：無論如何真心感謝你跟我見面，我知道Boss 你一秒幾百萬上下，還願意教我走跳江湖的細節，真是我人生的大貴人＋大學長啊！←【聰明發問⑤】
>
> VVIP：哪裡，跟妳聊天也很有趣啊！我很喜歡幫助年輕人，謝謝妳讓我覺得又年輕了十歲哈哈！
>
> Meta：太害羞了！不過我好奇學長怎麼會直接訂閱我的服務呢？←【直接取小名】
>
> VVIP：除了支持妳推廣知識，另外一方面也是想要了解不同世代的年輕人的想法，好跟我家那兩個小鬼溝通啊！
>
> Meta：哈哈原來如此，那好奇問一下可否舉例什麼領域會特別想了解？
>
> VVIP：如果妳的音頻或活動主題可以分享平台獲利的方法，還有青年創業相關的內容，我想都會對我家的孩子有幫助的。

「好奇問一下，你人生目前遇到最大的課題是什麼？」

> Meta：剛剛聽到你說了這些狀況，好奇問一下，如果這個目標要實現，今年你遇到的課題是？
> →【聰明發問⑥】
>
> VVIP：主要還是投資人，我一直設法解決，但是毫無進展。
>
> Meta：那，請問你接下來打算怎麼做？
>
> VVIP：腦袋空白，需要靈感，所以才想找妳聊聊，如果有方法就好。
>
> Meta：我有方法喔！可以給你建議。有用的話再訂閱我的服務？
>
> VVIP：真的嗎？如果有還真是幫了我一個大忙。

「可以問一下嗎？聽完我剛剛說的那些，你有什麼感想呢？」

例①

> Meta：以上，大概就是這樣，請問妳有什麼感想？
> 　　　→【聰明發問 ⑦】
>
> VVIP：嗯，我覺得不錯，待會馬上來訂閱妳的服務。
>
> Meta：恭喜發財哈哈哈！好奇問一下哦，妳覺得不錯的點？
>
> VVIP：因為整年都有了一個全方位線上生活閨蜜＋顧問的感覺，很溫暖。
>
> Meta：哈哈很多人都這麼說，是親民的感覺？
>
> VVIP：除了親民，光是剛剛跟妳聊天，我就覺得，啊原來可以從這個角度去想！
>
> Meta：哈哈感謝，那再問一下其他部分有什麼感想？

例②

> VVIP：我覺得妳的訂閱服務不錯啦，但是……
>
> Meta：但是怎麼了？
>
> VVIP：我也想訂閱，但是最近要結婚了，開銷有點大。
>
> Meta：這樣啊恭喜！哈哈沒關係，若有朋友需要，歡迎再來玩。
>
> VVIP：哈哈，剛好我閨蜜她最近轉換跑道，我問她要不要訂閱。

　　從認識到交流，潛在客戶已經花了許多時間，代表對於你這個人與訂閱服務有很大的興趣，所以該做的是讓對方了解訂閱後的「好處」，想像自己的「成長」。即使有的潛在客戶不會立刻做決定，但不少人經過幾天或一個月的思考後會表示「想再跟梅塔聊聊」。

　　然而，如果遇到客戶猶豫不決，或者最後選擇退訂，記得冷靜詢問原因，先表示同理，然後思考如何改善服務內容，之後再提案給對方。無論如何，你只是一個協助客戶自己做決定的創作者，最終決定權還是在客戶。

「所以你的意思是，訂閱後想積極跟我保持聯絡？」

Meta：所以訂閱服務後，會希望我一季至少到貴公司一次嗎？ →【聰明發問 ⑧】

VVIP：哈哈如果可以的話，不好意思麻煩妳。

Meta：不會啊哈哈！感覺很好玩，有一種 PT 顧問的感覺。

VVIP：不然這樣吧，妳每次來我們公司的時候，我請妳吃飯吧！

Meta：哈哈，都可以喔！然後我順便跟你分享怎麼斷食和身體排毒的實作？

VVIIP：這妳也有嘗試？太好了，我最近感覺代謝下降。妳是實作哪本⋯⋯ blah blah blah。

「訂閱我的服務之後，你覺得最大的轉變是？」

Meta：哈囉，○○在嗎？方便借個五分鐘嗎？

VVIP：哈哈梅塔妳客氣了，請說！

Meta：我要來做問卷調查了嘿嘿，請問訂閱了服務後，感覺不一樣在哪？另外我要出書了，可以幫貴公司掛名宣傳，記得寫問卷喔（遞連結）。
　　　→【聰明發問⑨】

VVIP：我覺得這是很棒的服務。

Meta：可以舉例棒的部分？

VVIP：比如妳直接跟我說腦科學實作的內容，我的生活和工作效率真的大幅提升，一天的時間變成別人的二倍，還可以邊玩邊賺錢，感覺很棒。

「感謝訂閱 1 年，請問訂閱前與現在有何不同？」

Meta：○○請問，你訂閱我的服務一年以後，現在最大的不同是？ →【聰明發問 ⑩】

VVIP：梅塔，謝謝妳讓我獲利提升二倍以上，也感謝妳介紹那麼多異業合作案和廠商給我。

Meta：真是太好了！那麼除了獲利，還有什麼是你覺得訂閱後有幫助的呢？ →【聰明發問 ⑩】

VVIP：還有就是謝謝妳告訴我感情上的盲點，我遇到這個理想伴侶真的很開心。

Meta：那太好了，我也好替你開心。還有哪些具體的部分呢？ →【聰明發問 ⑩】

VVIP：妳分享大量又多元主題的知識與活動，讓我的人生更有方向，而且妳神奇的特質一直帶給我療癒的能量，讓我今年更有自信！謝謝梅塔！

重視「預約」與「交流」

> 「請問○月○日○點○分，方便借我○分討論嗎？」

　　不論是透過文字或是語音，我會先與潛在客戶約時間「討論」，為什麼呢？因為必須考慮並尊重每個人的生活模式與作息。而且，如果對方沒有時間而勉強回應你，其實是完全沒有意義的交流——因為可能無法聽到真心話。另外，透過關心對方是否有空，可以讓客戶對你本人與你提供的服務產生興趣。

　　人會購買商品或服務，就是因為有需求，但是每個人的需求不同。當潛在客戶願意付出時間與你交流時，請先不要提到商品或服務。會引起客戶感興趣的，只有跟他本身有關的事情，也就是說，人只會考慮訂閱或購買後「可以得到什麼」。

　　除了花心思透過預約與交流來理解潛在客戶的需求與問題，更重要的是察覺他們沒有說出口的「言外之意」，因為有的時候，對方也不清楚內心真實的

聲音，透過再次探索，或許雙方都會發現更深層的想法，這種時候，我常常覺得特別開心也有成就感。

追蹤「動態」

在經營訂閱服務的過程中，我會持續追蹤潛在客戶的動態，見面或線上交流時，一定會先聊對方的近況，藉此觀察他是否有購買慾，甚至我會開玩笑地提到：「也許你訂閱我的服務之後會有改變？」「如果訂閱了，你的生活可能會有○○○的轉變？」然而此時，仍把焦點放在潛在客戶目前的現狀與需求。

當然，並不是每個潛在客戶都可以變成真正的熟客。如果對方訂閱的意願不高，我會轉為提供其他有用的資訊，讓整個交流過程劃下美好的句點。

問出「感想」

我再補充一下「聰明發問⑦」。以前，即使我掌握了與潛在客戶交流的技巧，仍然不知道該如何讓他們「主動訂閱」，但是後來我發現只要這麼問就可以了：

> 「今天討論了這些，你有什麼想法嗎？」

　　與你建立起一定相互了解關係的客戶，都會說出很多意見與想法；如果客戶沒有什麼想法，就直接問：「那我們之後討論？」過了一段時間，再問對方的想法。只要延續這樣的互動，交流的方向也會改變，從「賣給客戶」變成「客戶自己主動購買」，漸漸進入成交階段。

重視「後續追蹤」

　　許多訂閱服務經營者在成交後，往往疏於進行後續追蹤或是關心退訂者，其實很可惜。我在成交後與年底結案時，都會詢問 VVIP 們的看法。成交後的詢問，有助於優化與調整服務內容。我也會趁著年假，一一聯繫曾經訂閱但後來不續訂的客戶，聆聽他們的心聲。這些「前」訂戶都會很驚訝我的關心，也加深我經營訂閱服務的動力。

達到50％以上續約與10％以上老客戶轉介

　　身為訂閱服務創作者，讓訂戶實際感受到「訂閱前後」的不同、看到自己「成長前後」的轉變，非常重要。只要這樣做，訂戶除了會續訂，還會為你轉介其他潛在客戶，畢竟人都是這樣的，<u>覺得東西好用，也會想推薦給朋友，類似團購概念</u>。

　　有時，我也會開玩笑地問老客戶：「哈哈既然覺得有效，你有跟朋友推薦我的訂閱服務嗎？」通常他們都會當場或日後為你介紹新客戶。而且實際上，這種透過老客戶再轉介給新客戶的成交率都非常高。這也是為什麼我2019年的訂閱服務一上線不到兩週，回購金額就超過四十幾萬元，同時也是我很少開發新客戶的原因（因為光是老客戶就服務不完……嗯，這樣不謙虛好嗎）。

　　當然，我還是有開發陌生客戶的時候，往往是在企業內訓，或是廠商邀約公開分享的論壇上，會順便宣傳，當成「跑業務」，主要是因為天生愛閱讀與分享的我，希望透過大量的閱讀實作，結合我的觀點與人生經驗，幫助更多人。某些層面來說，這也是我帶給世界的禮物吧？可能也是因為用這樣的價值觀來經營

訂閱服務，有些朋友會說，跟我聊天很療癒（笑）。

經營訂閱服務，其實從客戶訂閱後才是真的開始

　　與一般訂閱服務內容不同的是，我很喜歡與 VVIP 互動，因為與其我單方面地分享音頻或實作連結，更重要的是知道他們的動態與想法。這也是為什麼我會固定與「每位」VVIP 進行語音交流、舉辦多場實體活動，我想知道他們是否覺得我提供的服務實用。不管用任何形式，打電話、碰面、實體活動……聽到 VVIP 的反饋，真的很喜悅。此外，在思考與設計新的訂閱服務內容時，我更能掌握「誰會買？」「何時買？」「預算最好多少？」「為何要訂閱？」等答案。

> **任何事情，只要你開始「實作」，人生就會有好的改變。**

　　其實，我一開始嘗試語音追蹤與實體見面時，也曾出現過「尷尬癌」，但是出乎意料，我得到這些反饋：「謝謝梅塔的訂閱服務。」「整年有妳的陪伴真是

太好了。」透過這樣良性的互動，我也更有信心，這才真的理解這些不同於一般訂閱服務經營者的嘗試所帶來的正能量與重要性。經過這些嘗試，續約的 VVIP 都會幫我轉介新客戶，雖然數量沒有很多，現在有 10% 以上都是來自老客戶的轉介。

以前一位很厲害的銷售前輩曾經說過：

「真正的銷售高手往往無須花大量心力在陌生開發，因為光是客戶轉介而來的新客戶案量，就已經有一定程度的忙碌了。」

重視「中間人」

不論是經營訂閱服務還是接獲廠商合作邀約，常常是愛閱讀的朋友對於 #一書一觀點的直播內容有所共鳴，並且 tag 我，讓我又被更多人看到，也走出 Facebook 同溫層。對於主動來訂閱或談合作的廠商，我都會問：「不好意思，請問你是聽到誰提起我，或者透過誰轉介的呢？」

我還會做一件很少人在做的事情，但是我一直持續——我會感謝當初默默推薦我的「中間人」，不論是透過口頭表達、送小禮物，或是現金回饋，來謝謝這些默默支持我的貴人；當我表達感謝時，他們也十分驚訝與開心。持續這樣善意的循環，也是我一年訂閱服務可以獲利破百萬的原因之一。我一直覺得，錢就是要花在大家都開心的地方，沒有大家，我根本不可能走到現在。

　　我也曾經對經營訂閱服務、出書等未知的將來充滿不安。當時，我拚命透過大量閱讀，想要在不同作者的人生精華中找到答案；也會參加講座，參考不同人的意見（雖然不一定會去做）……就這樣邊嘗試邊調整。

　　後來，我漸漸降低外來資訊的吸收量，開始持續每天反問自己，把靈感與想法寫下來。同時，透過訂閱服務大量解決 VVIP 多元的人生問題。後來總結出「人是只會按照自己意願行動的生物」與「訂閱服務的最終目的是幫助訂閱者」這兩個觀點。這樣的價值觀，代表我必須傾聽客戶的需求，並且幫助 VVIP 心想事成。透過提問，可以讓客戶去檢視人生，發覺真正的問題，所以我不斷強調「提問」的價值。訂閱服務是一種奇妙的服務——可以得到客戶感謝，同時還讓自己開心。

　　對人充滿熱忱與好奇心的我，透過長期的摸索與實作，學會問對問題，讓客戶自己決定是否訂閱，達到期望的成交量。人必須透過經驗學習，看再多的書、上再多的課，並沒有多大意義。請反思與觀察，將自己的經驗結合本書，再經由實作過程，把這些的經驗模式化，才叫作學習。

> 靠自己的力量體驗，才是最快的學習之道。

最重要的是，天天持續實踐並且養成習慣，變成人生的「內建程式系統」。那麼，該如何保持習慣呢？以下是我幫大家整理的步驟：

1. **開始實踐「問對問題」。**
2. **與潛在客戶交流之前，預先思考可能會發生的情況，並做好功課。**
3. **準備好可以幫助對方的資料後，才開始交談和互動。**
4. **結束互動後的當天，利用時間反思，如何改善提問或互動，以建立更自在且輕鬆的連結。**
5. **與值得信任的前輩交流和討論。**

一路走來，我看到太多人懂很多，也學習很多，常常對我吐槽：「梅塔妳講的這些我都知道！」但是，如果你沒有實作，你的人生不會有任何改變。也因為我曾經有資訊恐慌症而且自信心不足，走過這樣的人生課題後，在本章的最後，設計了「心想事成表格」，希望各位朋友可以透過書寫，強化思考，內化感受，

達到目標。

> 「人是健忘的，常常忘記對方講了什麼，但
> 是會永遠記得對方帶給我們的感受。」

我希望人家可以「日行一善，幫助對方」的同時，又體驗邊玩邊獲利的美好。特別是，現在是個資訊爆炸的時代，大量吸收資訊卻沒有實作與內化，很容易迷失自我，這也是我的訂閱服務希望幫助到訂閱者的部分。

接下來的練習表格，會對於想經營自媒體、嘗試訂閱服務、推廣自家商品的你，帶來新的靈感與觸發。

追蹤訂閱的參考連結：
http://bit.ly/2AfAb7V

預想表格

再次自問	感想	回顧
現況	【討論主題】	障礙
需求	怎麼做	怎麼解決

預想表格（以訂閱服務為例）

再次自問	感想	回顧
1. 我真的希望陳先生訂閱嗎？ 2. 是否已經請對方詢問銀行刷卡分期？	1. 不要表現出很希望成交的樣子。 2. 慢慢來比較快。	2/15 順利成交真是太好了！

現況	【討論主題】	障礙
1. 陳先生覺得自我介紹與行銷還要加強。 2. 上週提供陳先生自我介紹的方式。 3. 對方心動，想多跟我交流與訂閱。 4. 但要等到年後才方便用信用卡訂閱。 5. 我充滿自信，與他保持互動。	攝影師陳先生的訂閱服務成交。	陳先生覺得資金不夠。

需求	怎麼做	怎麼解決
陳先生想購買，我也希望提供他實用的自我介紹與宣傳建議。	1. 問陳先生對於購買訂閱服務來投資自己的觀點。 2. 談談我所觀察到陳先生的問題點。 3. 補充陳先生的優點。	1. 提出訂閱後具體可以得到什麼。 2. 我可以幫助陳先生推廣業務。 3. 跟陳先生說，保證幫他把訂閱金額賺回來。

回想表格

感謝	想像未來	如何實作
狀況	【今天想做的事】 【今天有印象的事】	產生情緒
順利或不順	基本總結	我的想法

回想表格（以訂閱服務為例──ＯＫ）

感謝	想像未來	如何實作
感謝Ｓ先生讓我發現，在上班以外的時間，反而可以理解客戶的想法，更快成交。	除了Ｓ先生，也希望增加更多快速成交的客戶！	下次提供潛在客戶資訊前，一定要先透過提問交流，才能給對方需要的資訊。

狀況	【今天想做的事】	產生情緒
1. Ｓ先生剛跟朋友合開公司。 2. 一些企畫案太燒腦，需要靈感。 3. 沒時間沉澱，想要創意建議。	再多成交訂閱服務。 【今天有印象的事】 1. 深夜與Ｓ先生線上聊天。 2. 提供靈感參考的書籍，對方居然馬上訂閱我的服務。	剛好最近有幾本書籍實作，很適合Ｓ先生。

順利或不順	基本總結	我的想法
會順利，因為閒聊狀態很放鬆。	經營訂閱服務，就是提供對方需要的資訊。	提問法實在太實用了。

回想表格（以訂閱服務為例——NG）

感謝
感謝 M 老闆讓我發現自己氣場不足。

想像未來
之後要更真誠地講出真心話，並且透過自然發問，達到美好的成交。

如何實作
下次印出提案討論。

狀況
1. M 老闆說會再考慮。
2. 第一次與上市上櫃老闆交流，太過緊張，一直處於「被問」的狀態，而不清楚對方的想法。

【今天想做的事】
與 M 老闆見面聊訂閱服務。

【今天有印象的事】
1. 問 M 老闆三個問題。
2. 太快提到訂閱服務。

產生情緒
嗚嗚怎麼辦！對方不會訂閱了吧？氣氛好緊張……

順利或不順
1. 不順利，下次交流的時候要更有意識地提問。
2. 如果對方氣場強大，交流前要練習更多次。

基本總結
不論對方身分地位為何，只要是人，就會有需要的地方。

我的想法
真心對待眼前的人，對方一定會感受到。

故　事

找　到
原　創　的
人　生　攻　略

Chapter 3
Story

你為什麼不敢在大家面前做自己？

　　透過大量閱讀與實作自我療癒相關的身心靈書
籍，我想要分享自己觀察到的網紅圈「怪象」——許
多 KOL 或網紅的人格特質，都源自於原生家庭帶來的
心理創傷，以及自我覺察與療癒的缺乏，所以我才在
本書特別提到有關「心理」的篇章。我說過，許多重
要的事情往往是眼睛看不到的，然而看不到並不代表
它不存在。如果你花了大量時間與金錢去學習，但是
人生依然過得不快樂或是沒有改變，看了本章後請一
定要思考並面對內心所隱藏與忽略的聲音。「解答一直
都在心中」，特別是如果你容易中途放棄，無法持續目
標，請好好探索自己的內心。

　　其實，許多網紅或公眾人物並沒有你想的那麼快
樂。曾經不止一位 KOL 朋友對我說：

「梅塔，我實在無法像妳一樣講真話，表達真實的自己，我做不到。」
「我很厭惡自己，我應該要一直維持正能量，帶給大家歡樂，我到底怎麼了？」

　　很多人甚至戴著「乖孩子」的面具太久，忘了自己真實的想法，以致於在經營自媒體的時候，無法表達個人觀點，而是模仿別人自己所沒有的特質。但這不是一件很奇怪的事情嗎？為什麼不呈現你最擅長的部分，而是花費心思在強化你所不擅長的地方？舉例來說，大家都在直播，假設你明明只喜歡透過文字或圖片呈現自己的想法，那何必勉強經營「幕前」的自己？我一直強調：經營自媒體，應該投入在自己最擅長與最開心的領域，這麼一來，花少量的時間就可以做到九十分，而且被市場看到。但多數人都為了想和大家一樣，反而做了「無效努力」在自己不擅長的地方，花了二倍以上的時間與精力，卻只達到六十分，這是許多人經營自媒體的迷思之一。

　　戴著假面，隱藏真實的自己，總有一天會自我壓抑到無法克制而爆發出來。持續偽裝「理想形象」的

自己，只會愈來愈痛苦，壓力也會跟著增加。在錯誤的地方努力，只會讓人生繞遠路。舉例來說，之前有人建議我主動向出版社提案出書，但當時我很清楚，比起文字，我更擅長透過直播分享閱讀實作，所以對於出書這件事很隨緣。有些人或許在經營自媒體上有「成功人士都會出書」的迷思。但是，我並不想把寶貴的創作時間花在提案、開會、討論、陌生開發，我寧願用來累積作品，例如直播、文字、影音等。如果當時，我盲目從眾，成為作家，而不是繼續透過自己擅長的方式經營，也不會有這本書的出版。經營自媒體，請不要去模仿別人，也不要隱藏真實的自己，每個人都是獨一無二的，而且成功的商業模式也往往無法模仿。

　　在寫這章的時候，我有點猶豫要不要「講真話」，因為在臺灣，很多時候真話並不討喜，我經營自媒體以來也常常被討厭，不少黑粉認為我有什麼資格出書、有什麼資格發表個人觀點。但是，重點不是我的「身分」，而是我想傳達的「內容」。自媒體應該是可以讓你綻放生命的工具之一，我想在自媒體上看到自然樣貌的你。

這一節暫且回到「雞湯」篇，我想先坦白自己曾經好幾年不被家人支持經營自媒體的過往。

大學畢業後環遊世界回來的我非常活躍，其實從中學 Yahoo 奇摩知識＋的年代，我就熱中於回答網友各種人生與感情問題，長年的累積，讓我後來在經營自媒體的路上，在某些領域擁有影響力，常有廠商找我異業合作。後來，我決定全職經營＃一書一觀點與成立小公司，也大概先向父母提到一些計畫。

> 「妳確定要這樣做嗎？妳會後悔的，賣書會餓死。」

他們一直到現在都還以為我是賣書的人。和多數長輩一樣，我爸媽並不理解網路時代的生態，認為應該像我的男友一樣，選擇公職，因為網路世界對他們來說是虛無又沒保障的領域。然而，上一代的觀點在新時代往往是行不通的，就好像手機程式沒更新，容易當機。

「妳可能目前在網路上很紅，可是妳可以紅多久？妳還想開公司，妳沒看○○○開了公司後都賠錢？很紅跟會賺錢是不一樣的。」

「妳邊當上班族邊經營網路很好啊，何必要全職冒險？」

「妳想想，妳都還沒結婚，如果未來有了小孩，經濟狀況還這樣不穩定要怎麼養？」

　　我拒絕父親期望我走上金融領域的道路。因為現在，我們處在一個很難「餓死」的年代，我想在三十歲前盡量體驗人生、做不同嘗試，以及摸索人生方向，所以大量閱讀與實作、認識不同領域的人士。我認為，年輕時的體驗都是老年的瑰寶。年輕的時候不知道自己要做什麼是正常的，又有多少人是在三十五歲以前確定一輩子要做的事情？然而，從我選擇不去念臺大，畢業後也沒進入金融業而是去環遊世界，直到開公司獲利百萬的過程中，我看過太多人，每年都說要做什麼做什麼，最終還是妥協於與家人之間的情感連結。許多人過於考慮父母或家人的感受；相對的，也會因此忽略自己的情緒與需求。

我常常在公開或私下場合被年長的朋友問道：「我也想○○○，但是家人反對，我該怎麼辦？」我也曾經覺得不顧家人的想法會讓他們失望，過自己想要的生活是充滿罪惡感的。二十幾歲的我常常沒來由地情緒失控，自我貶低，處在一再反覆的挫敗模式——即使每年嘗試新的領域與興趣，卻都沒有歸屬感，而且無法持續。後來我看懂了，這些都來自於長期壓抑自己的喜好與興趣；與家人大吵後又會產生罪惡感，氣自己也氣家人；即使離開了家，仍對家人有愧疚與不捨，覺得沒有顧慮家人的自己很自私……如此惡性循環，這樣的困境長達十年以上。

　　2019 年的年假，也就是本書出版前夕，我終於吐露真實心聲而與家人和解。一位長輩突然有感而發對我說：

> 「妳是一個很棒的孩子，完全無須擔心妳，所以我們現在不會再給妳壓力、碎唸妳了，雖然我們還是搞不懂現在的妳到底在想什麼，或是靠什麼獲利。」

當下的我湧現一股被療癒的溫暖感受，所以我半開玩笑地接著說：「是啊！你們真是超煩的，如果家族聚會無法說真心話，那根本不算是真的家人。你們給的人生規畫不是我所需要跟想要的，我沒興趣。」

　　這十年來，我沒有選擇說服家人理解我。在最無助低落、沒有方向、找不到人生解答的時候，我從幾千本書的閱讀與實作過程中脫離負面情緒。如果你現在沒有方向、沒有朋友，書就是你的解答與好友。希望這本書能成為你的好朋友，也希望你透過經營自媒體面對真實的自己，達到自我療癒。

為什麼有的ＫＯＬ總是打「正向牌」？

　　從這個小節開始，要回到我對網紅圈怪象的觀察：過度強調「正能量」或「持續更好」，而無法接受現在的自己，可能是來自於原生家庭與成長過程中得不到肯定的遺憾。其實我不喜歡考試，但就像每個孩子一樣，為了獲得父母的讚美，幾乎每次都拿前三名。我只想「聽話」，讓爸媽愛我，沒有太多主見，也不知道人生為何而活。

　　老實說，在經營自媒體的路上，我曾經被許多「大師」或「專家」糾正，特別是四十歲以上的長輩都很想「控制」我：

> 「梅塔，妳不該在Facebook上分享妳成長
> 的低潮，這樣大廠商不會找妳。」

　　其實對此我看得很開，因為即使我一直假裝正向，大廠商也不會找我啊（笑）！再說，我只想與了解我的人合作，因為才能展現真實的自己。如果經營自媒體卻無法表達最真實的聲音，那我寧願放棄經營。

　　有一位網紅媽媽Ｓ老師，讓我印象十分深刻。Ｓ老

師經營破萬人的社團，粉絲與追隨者多是已婚媽媽，我觀察到她有個「特別」的行為模式。她會刻意強調「正向」，搞得自己很累，也非常在意「黑粉」的批評。有一次，她在直播上大哭，因為有人批評她的外型和「嘮叨」。在那集直播上，她邊哭邊說：「對不起大家，我應該要一直帶來歡樂與正能量的，很抱歉，因為我真的好難過，我這麼努力卻換來這樣的對待……」總是在「散播歡樂散播愛」的她，一個月就會出現一次「哭泣式的情緒暴走」。此外，她還會在社團內「規定」團友只能分享正能量的文章。

S老師的例子，讓我聯想到《失控的正向思考》（*Bright-Sided: How Positive Thinking is Undermining America*）一書所提及的社會現象。為什麼許多愈是有憂鬱傾向的人，在社群媒體上營造出來的形象卻愈是正向？為什麼這些人覺得自己「有義務」帶給大家歡樂？許多有情緒問題的朋友總會刻意強調人生的美好與正能量，或者在經營自媒體的時候特別彰顯自己所「沒有」的部分。透過自媒體投射出內心的渴望，會帶來更大的心理壓力。他們無法接收與理解內心的情緒，常常感到委屈，覺得面對自己很痛苦，導致「身心靈不同步」。經營自媒體應該要帶給自己喜悅，如果反而造成心理壓力，不是本末倒置了嗎？這位網紅媽

媽令我不解的是「想要被所有人喜歡」，並且一直要大家讚美她，總是強調「我」「我」「我」，展現過度的表演慾。

經營自媒體的過程中，本來就會遇到不喜歡你的人，本來就該有「被討厭的勇氣」；再說，經營自媒體就是為了讓自己快樂，為什麼一直強調要讓大家開心、散播正能量之類的呢？（聽了我都覺得好累，有被情緒勒索的感覺……）如果經營自媒體是為了幫助人，那採用的方式不應帶「侵略性」，也不該強迫他人接受自己的觀點，這其實是一種「我都是為了你好」的情感綁架模式；也讓我開始思考，為什麼很多公眾人物往往都期待與強調自己要「更好」，而無法接受自己也會有沮喪與低潮的狀態。

對於父母的恨，導致無法定下來的感情專家

又要繼續得罪人了⋯⋯在這一節，我要舉的例子是自己認識的感情專家們。許多自稱「感情專家」或「把妹達人」的人，都可以快速建立一段感情關係，但是往往無法長久穩定。我還沒與父母和解的時候，幾乎也是一兩年內就主動結束一段戀情。

我想分享在電視通告認識的一位男性感情專家。他常常酸我（但是沒有惡意）：

「獅子座的女生通常都無法擁有長久穩定的感情或婚姻關係，我媽就是這樣的女人，我前妻也是。」

當然我不想說服對方（我不是那種女生），只是好奇他怎麼會有這種偏見？後來我才得知他的成長背景：他厭惡自殺的母親，不斷尋找一個可以無條件愛自己的伴侶，卻又害怕對方像他母親一樣結束生命，拋下他。我一直看到他否定母親的存在，同時也在否定自己。無法建立一段穩定關係的人其實是出自於沒自信，不確定自己擁有維持幸福的能力或者害怕失去。所以，他重複同樣的感情模式：交往→分手→自

憐→情緒失控。

「我花心是因為我害怕失去，我從來沒被愛過，又怎麼知道愛人？我這樣的人不值得擁有幸福。」如果沒有正視成長背景為自己帶來感情經營上的盲點，就只是無限地輪迴。強調自己異性緣很好，甚至熱中於「百人斬」等蒐集癖好的 KOL，他們的父母往往在感情互動上曾經帶給他們傷痛。這也是為什麼我單身的時候很少看感情專家的約會建議，那並不能夠解決自己無法建立長期穩定關係的最根本原因。以上純屬個人觀察。

補充一下，我對於感情與婚姻的價值觀偏向《未來十年微趨勢：洞察工作、科技、生活全新樣貌，掌握下一波成功商機》（*Microtrends Squared: The New Small Forces Driving the Big Disruptions Today*）一書提到的「獨立已婚族」模式。聚少離多，反而可以提升婚姻品質。許多人很訝異我與男友未婚同居，而且居然還是「分房睡」，這是因為他會打呼，我想要有好的睡眠品質，況且，這樣的生活方式並未影響我們的性生活。

另外，我喜歡有兩間主臥室的格局，即使交往

或結婚，我與男友都希望有自己的獨立空間與睡前儀式。我們有許多共同的價值觀，也想與對方生活，但無法時時刻刻黏在一起。對我而言，長久且健康的伴侶關係，在於可否接受真實的對方，包含生活習慣。

擁有攻擊性行為的KOL

國小的時候，父母常常吵架。雖然當時我並沒有成績不好，但已經有電玩成癮，還會故意偷東西、作弊；然而看到爸媽擔心地討論起我的情況，我就放心了。可能在潛意識中，我想解決父母的婚姻衝突，於是透過這些問題行為，讓他們不得不轉移注意力到我身上。

我認識一位比我年長的女性KOL，她經常跟人吵架，可以說是人人眼中的「女戰神」。幾年前，我也莫名被她的砲火攻擊到，原因是她誤會我與她討厭的某男性KOL合作。我並不在意（應該說是習慣）被批評不打扮、臉圓、胖之類的外在攻擊，不過在完全沒聊過也沒見過面的狀態下，被她指名道姓地「鞭屍」，也是經營自媒體的過程中讓我印象深刻的事情之一。

後來我才知道，已經結婚到國外生活的她，與原生家庭水火不容，也與許多自媒體創作者發生衝突。據說她在青春期，家裡出了一些問題，導致她開始有這些攻擊性行為。當時令我感觸良多，其實許多KOL或酸民之所以有這樣的攻擊性行為，可能是像童年的我一樣，有類似的心理狀態——用問題行為試圖解決家人的紛爭。

當然我也認識故意跟人吵架的 KOL。例如某位財經界 KOL，他說一直與人筆戰，甚至被「吉」，是想培養靈感，訓練文筆與思考邏輯。這倒是讓我滿開眼界的，也許明年該考慮實作「刻意吵架」，好讓我的下一本書不會像這本書的出版過程那麼刺激（笑）。

在我自曝自我壓抑的好寶寶童年之後，一位說書圈的KOL朋友提到，似乎從我的直播中獲得療癒。

> 「梅塔妳知道嗎？我看到妳的＃一書一觀點直播，真的很震撼。原來可以不需要化完美的妝，甚至可以大素顏直播；原來無須討好那些酸民網友；原來可以在直播上坦承對家人的真實感受。雖然我目前還無法做到像妳這樣，但我從今年開始，會把好與不好的情緒，盡可能在不傷害別人的前提下分享出來。看到妳幾年前大素顏還用陽春工具全程直播，卻有幾千人觀看，真的讓我印象深刻。雖然我有幾十萬粉絲，我還是希望批評我的人能夠肯定我，他們對我的批評就像得不到爸媽支持那樣痛苦。」

這位KOL朋友說，在與我交流之前一直覺得很痛苦。她不斷在滿足父母的需求。特別是母親希望她去考公職，每個月交出月薪的1/3，當作「孝親費」；還要她放棄經營自媒體，因為一個女孩子家這樣「拋頭露面」，丟人現眼。但是我認為，父母退休後應該為自

己的經濟狀況負責，如果小孩有能力，當然會給父母零用錢，但是在這個低薪時代並不是一件「理所當然」的事情，我們這一代所面臨的壓力，與長輩那個經濟起飛、做什麼賺什麼的年代大大不同。再說，就如我在直播上分享過，我曾經開玩笑地跟爸媽說：「那你們當初生我的時候有問我到底要不要來地球嗎？我也不願意出生啊！」其實，我們這一輩的年輕人大學畢業後還無法完全獨立自主，許多時候也是因為父母的控制慾過強，不願放手讓兒女走出自己的人生道路。

> 「妳在直播上表現出真實的情緒，也是屬於創作的一部分，又有什麼不可以呢？」

　　看著她破涕為笑，我想自己的直播應該帶給很多完美主義的朋友們一種療癒吧？真實地活著，就是最強大的影響力。別因為經營自媒體而忘了原本的自己。

用忙碌掩飾內心矛盾與無資格感的自由工作者

我十歲開始代替父母照顧臥病在床的奶奶，那段期間每天都想跳樓。我厭惡自己，覺得自己過不好才對得起他們。長大後離開家去環遊世界，我還是無法把人生活好，因為我總覺得自己不值得。

幾年前，一位年收幾百萬的空間攝影自由工作者，邀請我去他與老婆的家裡作客。他提到父親創業失敗，欠了銀行與黑道一大筆債，後來他出面幫父親談判，整合負債。然而直到現在，即使他把工作室經營得蒸蒸日上，卻總是透過工作狂的模式來掩蓋內心的「無資格感」，帶給自己過大的心理壓力，與客戶溝通時也經常發生情緒失控的狀況。

> 「我常常會有罪惡感，一想到我爸還要還那麼多錢，就覺得自己沒有資格得到幸福，活著有什麼意義呢？」

他也提到，與老婆目前不敢生小孩的部分原因是來自於原生家庭的影響：

「我看到我爸那樣，我真的覺得自己會不會複製他的模式，讓我的小孩也跟我一樣，經歷類似的經濟不安與痛苦？但有時候我也很矛盾，反正人生就是繼續賺下去，然後呢？說到底，我覺得自己沒有資格成為幸福的爸爸吧？」

　　類似的情緒我也曾經有過，直到與父母和解前，很長一段時間，我認為自己不值得被愛，沒資格得到幸福，然後自暴自棄，開始揮霍、酗酒等一連串不愛惜自己的行為。後來我開了公司，過得十分忙碌，也疏於與他聯繫，只知道他還是一個工作狂，過著健康一直出問題的生活節奏。除了祝福他，我也不禁思考著，有些人讓自己一直處於忙碌的狀態，或許是給自己找藉口，不去正視那些該面對的複雜情緒吧？

動力心理學（Psychodynamic）中有一項人格特質叫作「口腔人格」（oral personality）。這是來自於嬰兒時期透過嘴、唇、舌相關的各種活動，例如餵食、吸吮、咀嚼、吞嚥而得到滿足；然而當這樣的口腔活動受到限制，無法滿足慾望時，會產生「固著」（Fixation），成年後就形成口腔人格。這類的人依賴並且要求他人給予愛與關注，需要「被餵食」，經常表現出「你要照顧我」的態度。

最近有則社會新聞是，某個月薪僅約新臺幣1.5萬元的大陸公務員，為了博取網紅歡心而盜用公款擺闊，也影響到老婆與小孩的生活。許多人可能無法理解，去年我也遇過兩位男性友人，為了得到網紅注意，紛紛將存了已久的積蓄借給對方，以致於影響到自己的生活。其中某位「被斗內」的網紅是某平台的直播主，我接觸過本人，我發現她可能是口腔人格。

「我好像很喜歡你，如果你可以借一點錢給我的話，我會更愛你……」
「我的身體狀況很多，如果你愛我的話，你應該……」

口腔人格的網紅擅長利用粉絲喜歡自己來控制對方的行為，甚至予取予求。只是一味地向他人索取，根本不是健康的人際關係。這些願意掏錢給口腔人格網紅的人，因為已經投入大量金錢與時間成本，帶著不甘願的矛盾心情，又投注更多的金錢（就像投資股票卻不設停損點一樣，類似一種輸不起的概念）！除了善用情緒勒索與心理控制，這樣不平衡的關係最後會導致撕破臉，更嚴重的就是上社會新聞版面。

我突然覺得自己經營自媒體實在太佛系，沒有好好善用女性本錢（誤）之外，還是想對這些苦主說：「或許你從她身上得到療癒，但是一段平衡的關係，不是持續地給予，請面對殘酷的現實──你並沒有那麼特別，也不是她唯一的英雄。」如果對方真的關心你或愛你，應該會考慮到你的經濟與生活狀況。但為什麼還是有這麼多火山孝子或是手機遊戲大課長？也許這些人是為了逃避現實生活中該面對的問題，選擇斗內網紅或沉迷於遊戲來創造自己的甜蜜夢境吧？有時候夢做久了，要醒來是很痛苦的吧？

需要「被看到」的小網紅與「另類」網紅亂象

這也是發生在 2018 年的事情，對方是跟某平台簽約、不到二十五歲的小網紅。我的某位朋友很喜歡她，於是帶她來參加我的某場活動，當時卻造成與會的其他成員很不舒服，怎麼說呢？她一直打斷我的分享，直批分享的內容「很沒用」。雖然我滿歡迎來踢館或吐槽（反正早就習慣天天有人黑我），但畢竟其他成員想聽完完整的實作分享，我還是有禮貌地請她等到 Q&A 時間，再統一回覆問題。總之，她無法自己支持自己，需要粉絲支持與肯定，而且擁有過度舞臺慾，總是想「被看到」。

> **如果沒有人支持你做這件事情，你是否仍會自己支持自己？**

如果答案是肯定的，在實現目標的路上，你會發現身邊其實存在著許多支持你的人；甚至那些看似反對你的人，也會用某種形式支持你。舉例來說，我很感謝用訂閱服務支持我經營＃一書一觀點，讓我得以繼續分享實作資訊的 VVIP；也很謝謝批評我的「黑粉」，因為我知道，在意與討厭其實是一種能量，負面評價會讓我加深思考，更加成長。

這位小網紅的行為讓我想到，近年來許多「另類」網紅不顧身為一位公眾人物應有的社會責任和影響力，言語驚世駭俗、行為脫序，太過百無禁忌地發表消極言論，影響了年輕人，特別是有一定程度情緒問題的孩子更容易受到影響。有些網紅甚至過度炫富，展現奢靡的生活方式，或是強調整容的好處（卻沒有提到失敗的風險與可能性），使社會新鮮人變得不切實際，不滿足於目前的生活狀況。

> 「梅塔，妳當初會做＃一書一觀點，是因為妳知道紅了就可以年收破百萬嗎？」

　　我曾經被問過好幾次這個讓我哭笑不得的問題。很多人以為紅了人生就此一帆風順，但卻沒想過，超過自己實力的名氣會帶來風險與困擾。更多人不願透過腳踏實地的努力改變現有生活，幻想透過整容或是攀上富二代等方式，一夜成名與致富。更有網紅嘲笑認真工作的一般上班族，以致於有些人喪失自信，造成自卑等不健康的心理。

　　社會新鮮人或是更年輕的網路世代，本來就處

於摸索人生的階段，辨識能力相對匱乏，有些時候會去刻意仿效網紅，做一些不符年齡的行為。例如之前有一則新聞是，某大陸小學生瞞著父母，在網紅直播時，背地裡打賞上萬元。小學生不知工作辛苦，揮霍父母的血汗錢只為博網紅一笑，得到肯定與注意；父母在得知孩子的所作所為之後，滿是氣憤和無奈。但是我也希望父母去反思，<u>為什麼你的孩子為了擁有這樣的「歸屬感」而衝動行事？是不是家庭讓他感到寂寞與不被了解？</u>

這也是為什麼我在這本書中不斷提到，原生家庭對於孩子長大後的行為影響非常大，希望曾經在家庭中受過傷的人可以在書中找到靈感與自我療癒的方法，跳脫重複的人生模式。

很多時候，看似無聊且浪費時間的直播內容，其實會在意想不到之處幫助別人，這是我在經營＃一書一觀點時的體悟，甚至很多人會感謝我分享生活點滴而療癒了他們，改變了他們的生活。

在直播的世界裡，你能夠跨出同溫層，甚至如果你的外文能力好，也可以與來自不同國家、不同領域的職人分享人生觀點與想法，藉著看似「無聊」的閒談，激發大家去探索自己的人生到底想做什麼？對於這件事情的看法是什麼？這樣的閒聊除了能夠了解其他人的想法，也會激盪出跨領域的靈感。比如，我一開始經營＃一書一觀點，只是幫大家整理自己的書籍實作經驗，但對於收看者來說或許會在這些內容得到連我都沒有發現的療癒能量。

「梅塔謝謝妳的鼓勵，我現在開始經營自己的頻道了，真的很療癒。感謝妳跟我說經營自媒體最重要的是持續記錄自己的人生；最重要的是自己開心，而不是給自己壓力，煩惱到底會不會紅。透過持續分享，我覺得自己內向的個性好像有改變一點了。」

某位設計師 M，因為健康問題而在家調養身體時，聽了 ＃一書一觀點，就開始經營起自媒體。雖然我很替她開心，但是她的母親過度干涉其交友狀況，讓她沒有自己的生活圈，這可能也是 M 過度壓抑與內向的原因。該名母親曾經出現在我的某場活動，過程中一直「糾正」與「控制」女兒（是說我是很少看到哪位媽媽成天出席自己女兒大大小小的所有活動）。

「妳講話不該⋯⋯blah blah blah。」
「妳應該要○○○會比較好。」

　　這是我觀察到這位母親習慣性的發語起手式（聽了真的好有壓力啊）。也因為我們不夠熟，後來我只是委婉地跟 M 說：「有時候跟家人保持一定的物理距離，妳會更清楚知道自己的創作熱情在哪裡。」

　　我也思考過，為什麼 ＃一書一觀點的收看者往往都會把我當成閨蜜或是好朋友，甚至直接介紹家人給我認識，或者對我說出內心話。首先，我不是流量掛的KOL，粉絲並不多，我很容易在直播上與丟出留言的觀看者互動，甚至是直播結束後會語音私訊對方，

讓他們覺得「被看見」，甚至感受到擁有與「好友」分享的短暫時光。第二，我會適當且誠實地自我揭露，這也是某位英國獵頭網友表示會被我的直播黏住的原因之一。第三，滿多朋友會一邊聽＃一書一觀點一邊做其他事情，就像以前的長輩愛聽廣播一樣，我有一位餐廳老闆娘朋友最喜歡忙了一天後，打開我的直播重聽，就如同和朋友聊天一樣，而且還可以邊開筆電，聽到什麼新知就馬上 Google 搜尋，整理筆記，十分方便。

如果粉絲喜歡你，即使無關乎直播的內容，直播上的互動會讓雙方關係更緊密，訂閱者自然就會更重視可以與你交流的時光，這也是線上直播與錄製好的影片的不同之處。我覺得 M 的作品可以更加強互動，然而她受限於母親一直干涉呈現方式，也沒有繼續公開新作品，非常可惜。

所以，我一直跟主編堅持一定要寫進「心理」的篇章（從工具書開始走鐘的自媒體雞湯人生），我看到太多自媒體創作或其他目標設定無法繼續，不是因為學得不夠多，多數都是與原生家庭有關。造成人生卡關，往往都是這些看不到的心理層面。

如果說自證預言是存在的話，那麼我想，有些人的人生過得如此璀璨且迅速隕落，可能也是來自於自身的悲劇型主角思維吧？

> 「梅塔妳知道嗎？或許我是因為很喜歡網路上這個小圈圈帶給我類似『家』的歸屬感，才這麼拚命做了這些事情。你們覺得我很誇張，好像都沒有自己的生活，到處參與一堆活動，我全力為這個頻道付出，因為我很喜歡支持我的粉絲帶給我家人的感覺，我跟家人都還沒那麼親近……為了回饋他們的愛，我必須要『更好』，我真的很討厭現在這麼低潮的自己。如果可以的話，我想在最美麗的時候離開這世界。」

那是我最後一次與這位網紅聊天的內容。我知道她因為分手而心情低落，需要沉澱，但是她選擇再次出國，挑戰極限。以她當時的身心狀態來說，實在不應該出國，但或許她想離開臺灣這塊傷心地，我再怎麼勸阻也無用。看著她騎著自行車來高雄找我的時候，就有一種不祥的預感，我一直祈禱這個直覺不要

實現……

　　後來，我參加了她的告別式。我的感觸是，經營自媒體一定要考慮「三贏」，就是「我好，你好，大家好」──盡可能讓各個面向都接近平衡，照顧到人生中各種事物與價值。如果為了短時間爆紅，不顧自己的生命安全，傷害了健康甚至犧牲了性命，失去了愛自己的家人與朋友，這樣的爆紅又有什麼意義呢？以三贏的長紅策略來經營自媒體，才能長久。

4 4

自媒 vs. 傳媒——你有自己的觀點做自媒體嗎?

「做自媒體,就代表你要能夠說出自己的觀點,如果你跟傳統媒體一樣照本宣科,那麼誰會注意到你?」

我常常開玩笑地這樣說。做自媒體就是代表你的資源比傳統媒體少,所以時間與金錢都要花在刀口上,那麼在這個注意力分散的時代,如何讓大家看到你、關注你?

其實,愈「完美」的人往往讓人有距離感;一個素顏、平凡的人,反而更討喜。有時候,人會欣賞那種「不特別」,因為渴望這份單純感。原本我以為,#一書一觀點這樣主題性的閱讀實作直播吸引人觀看是再自然不過的事情,但其實我會在直播中穿插自我揭露的閒聊,或是喝酒、吃宵夜等生活化的呈現,因為我發現,當上班累了一整天想放鬆時,與其看一些專業的影片,不如聽一個有親和力又討喜的人說話,反而會有意外的收穫。在這個忙碌的網路時代,可以真誠地做自己其實不簡單,愈不特別的東西反而愈特別,這也是某位團友曾經給我的評價。

我覺得直播可以很多元，讓我們參與不同人的人生真實片段，收看直播的時候，可以比文字或影片更有參與其中的實感。許多網友見到我都會開心地說：「梅塔，我是曾經在哪集跟妳聊過○○○的誰！妳本人好真，跟直播一樣，甚至比直播好看！」透過與不同網友的交流，我可以知道許多關於對方的事情，同時透過不同的角度發現不同的自己——原來別人是這麼看待我的。

　　直播上的互動也往往打破了物理限制。比如在臺灣直播的我，可以同時與荷蘭、以色列、日本等不同世界的閱讀愛好者交流。這在以前是從來無法想像的事情，很不可思議，我們明明距離那麼遠，心的距離卻因為網路而貼近，覺得溫暖又幸福。

　　人與人之間往往會因為有共同價值觀、興趣，或是看法雷同而產生共鳴。有一種心理學現象叫作「曝光效應」（Mere Exposure Effect），當兩個有共鳴的網友互動得愈頻繁時，愈容易對彼此留下好感與深刻印象。我也很意外，原來在直播上一一點名線上網友，會帶給他們療癒與幸福的能量，他們甚至被這樣的互動所深深吸引。

我想持續與你分享我的觀點

　　許多身心靈書籍都會提到類似的概念：我們可以重生無數次，但今生選擇來地球只有一次。

　　你喜歡自己的名字嗎？我非常非常喜歡自己的名字。我想，我可能是為了擁有名字，才選擇出生的；我會選擇這樣的家庭也絕非偶然，不然我也無法完成這本書。那些曾經看似痛苦的經歷，如今看來，就像是神給了我一份包裹著「磨難」的禮物。我覺得自己的名字＃許維真，就是寶物，即使很菜市場名，但這名字充滿愛的回憶。父親為了幫我與我妹取名，花費心思自學紫微與姓名學。雖然現在很多App或程式可以讓你快速知道這個名字好不好，我現在真的可以感受到父母為了迎接我們的出生，努力用他們的方式愛我們。一想到我爸為了我的名字算了一整個下午，真的可以體悟到這個名字是陪伴我一輩子的愛的證明。雖然我到了好久好久，才能體會這樣溫暖的愛。

「妳知道嗎？即使當初妳出生的時候，妳的命盤顯示跟我的緣分其實沒有那麼深，但我真的不後悔跟妳媽結婚，成為妳們的父親，雖然我似乎沒有想過自己的人生到底要做什麼，但我並不希望妳按照社會上的主流路線走，我希望妳活出真實的自己。」

　　雖然我爸常常被我氣得半死，雖然我的家人常常不理解我……其實在寫這段文字時，我又忍不住哭了，一直以來我都是愛哭鬼。我覺得沒有必要去回顧前世，因為我們都是自己選擇要出生的，必要的時候，自然會想起你的身分。誕生在這世界上都有要完成的功課，請用自己真實自然的樣貌活著吧！不論是經營自媒體，或是完成任何目標，我都會在這裡支持你。也希望結集我人生經歷的這一本書，可以帶給你有別於其他自媒體工具書的新觀點。God bless us.

個 案

3 3 3 3

自 媒 體

長 紅

獲 利 計 畫

Chapter 4
Case

　　從2009年環遊世界回來的校園巡迴演講，或是透過經營訂閱服務與VVIP分享商業靈感的時候，我就一直強調，出社會前或者下班後開始累積一定的自媒體創作（作品輯概念），對於求職或者獲利都有一定程度的幫助。

　　高中的時候，我就決定去環遊世界五大洲。其實我並不喜歡念書，但是在學校這個體制下，為了不讓家長和老師「管」我，唯一能做的就是「考試」。然而我開始思考，擁有好成績只是為了得到長輩的肯定和臺下的掌聲，那麼我真正想要的是什麼？我也開始懷疑，世界真的有如學校老師和父母告訴我們的那樣嗎？於是我決定去環遊世界五大洲。

　　但是，當時的我並沒有錢，我爸並不認同環遊世界是為了探索世界，在他眼中只是「玩」而已，他不可能出錢讓我「玩」。因此我唯一的方式是拿獎學金。填大學志願的時候，我本來可以念臺大人類學系，但是我在網路上查到高雄大學會提供獎學金，於是偷改志願，放棄臺大，選擇高大。

　　許多人並不知道我從大一就開始利用自媒體布局和經營環遊世界這個目標。當時鮮少社群平台，我透

過沙發衝浪（Couchsurfing）與該社群上五大洲的人一一聯繫，尋找願意接待我的host。回來後，我開始寫網誌，記錄這個歷程，於是漸漸有媒體採訪與上節目等邀約。

> **每個人都是自己人生的創作師，而你又做了什麼？**

　　許多人剛出社會幾年，花了太多時間在面試，或者把自己放在不合適的工作位置；甚至有些人一直換工作，以為最後可以換到百分之百滿意的工作；也有人希望可以加薪，增加年收，卻又不知道從零到一的個人獲利模式，也不知道如何才能不離職創業。結果卻是更忙，收入也沒有增加，仍舊不知根本原因。尤其是，哪邊有機會就往哪邊走，其實是風險很高的決定，就算幸運地來到新環境，也會很快地想離開。

　　我也觀察到，現在許多上班族過得不快樂，原因是來自於人的內心或多或少都有「創作」的渴望，而自媒體是可以讓你開始為自己的人生創作的有效工具之一。如果你想改變人生，卻苦於不知如何透過自媒

體獲利，請務必閱讀本章，相信一定有效果。如果沒有為自己的人生創作，只是一味地重複過著機器人般的生活，身心靈一定會失調，這也是為什麼許多人都有心理或情緒的問題。

　　嚴格說來，我並沒有認真投過履歷。許多人會好奇，本書出版之前，我如何透過經營自媒體，為自己帶來一百個以上的廠商邀約與異業合作案？時光倒推回 2015 年，我應該是 Facebook 擁有藍勾勾的臺灣公眾人物中，很早就開始透過經營 # 一書一觀點頻道，推廣書籍閱讀與實作的人。後來，說書人與相關頻道增加，只要能夠提升閱讀風氣，我都覺得很棒。今後，經營自媒體是愈來愈普及的事情，除了當個上班族，你也可以開始思考如何不靠公司也能增加收入。

　　一般上班族一整年的工作時間（不包括加班）約二千多小時，你能否在下班後額外花二百小時自學、自我投資與進化？雖說是學習，也不是一直進修，而是判斷學到的資訊是否正確、如何應用？另外一點，自媒體有很多領域，你的興趣或專長可以在「市場」上獲利百萬嗎？當你不靠學歷，大家也不知道你的身分地位、家世背景的時候，你能否看出市場「需求」？有自己觀點的人、會說故事的人，即使在將來 AI 使更

多工作機會消失，這樣的人仍有一席之地。

回到本章重點，經營自媒體除了對於求職與獲利有一定程度的幫助之外，還有什麼好處呢？請看我的VVIP們的反饋：

> 「我每天錄製自己的頻道，覺得好療癒！」
> 「書寫的過程中，彷彿更了解自己！」
> 「經營社團以後，意外認識好多適合的合作廠商！」
> 「看到廠商採用我畫的圖，覺得很幸福！」

可能因為我獅子座的大貓個性，幫助周遭的人是我的興趣，常常會思考：「如何解決客戶的問題，改善他們的生活，幫助他們提升收入？」正如第一章所說的，日行一善，幫助別人的「法布施」一直都是我的初衷，而且並不只是說說而已。在前面的章節也不斷提到，＃一書一觀點之所以成立，就是希望我實作過的書籍經驗可以幫助別人，這也是我生存的意義與價值觀。當時每天下班後，我犧牲睡眠時間來經營＃一書一觀點，都是為了透過網路平台結合自己的人生經

驗來幫助別人，金錢與名聲都不是我在意的事情。後來很意外的，這本書因此有了問世的機會。我想說，自媒體帶來了許多連結與緣分，你也可以擁有這樣的幸運，並且改變人生。

如〈前言〉所述，好奇心強的我，每年都會嘗試一個新體驗，例如今年的目標就是寫這本書。雖然第一本書要耗費時間構思與撰寫，但這樣的新體驗對於我而言很有吸引力，又可以幫助更多想經營自媒體與改變生活的朋友。所以，這章要分享〈前言〉提到的「3333計畫」。讓我們再複習一次這個計畫：

1. 在三小時內看完這本書。
2. 投入金額每個月小於新臺幣3,000元（不超過每月所得10%）。
3. 在三天內想出可以獲利的自媒體微創業計畫。
4. 在三個月內做出一定成果，並反省與微調。

這本書並沒有像其他自媒體工具書或KOL的專書有太多的專業術語或理論，因為我希望初學者都能得到共鳴，開始投入，並且獲利。

經營自媒體，並且結合這十年來的人生經驗，幫

助更多人改變人生，對我來說是很大的挑戰。也因為必須考慮個人的人格特質、生活狀況、工作環境，以及現有資源，很難有既定的SOP可以符合每個人的需求，所以在進入本章之前，特別花費篇章詳述我對於「心理與原生家庭」的觀察與案例，這也是許多自媒體與個人品牌書籍所沒有提到的部分。包含我，也花了好幾年才克服內心的障礙。

本章彙整了十個具代表性的真實個案，提供這兩年我在訂閱服務上實際協助不同領域的VVIP經營自媒體並且獲利的過程（先以2017年到現在都穩定獲利的案例為主）。祝福各位在經營自媒體的路上發大財，給自己加薪。讓我們開始以下的案例吧！

案例①──做自己喜歡的事

又能提升業外收入的英文老師詩予

社團「快詩慢予英語資源」＜https://goo.gl/PB3HLt＞

社團「遇見。新朋友」＜https://goo.gl/V1pzLm＞

　　詩予是一位英文老師，在這本書出版之前是我 2017 年訂閱服務的 VVIP，也邀請過我去她曾任職的學校分享環遊世界的人生經歷。

　　當時，詩予老師擁有家人的支持與愛（原生家庭與心理因素）；那時還單身的她，下班後有一些時間可

以嘗試自媒體獲利計畫（時間資源），撥出一年二百小時（1/10工作時數）沒有問題；再加上老師的收入穩定，沒有太大的經濟壓力（經濟考量）。

詩予老師希望結合本身教授英文的專業，透過自媒體進一步提升教師本業以外的收入。她的環境、資源，以及心理各方面都適合嘗試自媒體獲利，只是還差一步——如何「從零開始」？

結合專業的最低成本生意

經過討論，我們開始以「英文線上家教」為主軸出發。這是結合她自身專業的最低成本生意，而且又以網路為主，可以降低交通費、場地租借費，以及餐飲費等支出，只要利用下班後或假日的時間，抽出幾小時來嘗試市場反應即可。

補充一下，許多人在獲利之前都有必須「燒錢」的迷思，而沒有善加運用網路與自身能力，十分可惜。身為「佛系『晚』紅」的我，這幾年的心得是：經營自媒體的方法其實很簡單，不用花太多錢，也不必購買昂貴的器材。

鎖定受眾

我們一起想出具體的自媒體微創業計畫——先在 Facebook 開社團「快詩慢予」。初期,只有對於英文學習感興趣,又是詩予老師認識的朋友加入。詩予老師在成立社團前,很喜歡學習不同領域的課程,這個社團都是來自各種領域,又想學好英文的初學者,也就是說,主要受眾是想達到跨領域交流,又對於學習英文有需求者。

帶來雙重成果

這個社團在沒有幾百人的情況下就開始穩定獲利。加上詩予老師不僅擁有英文教學的專業,服務又細心,所以一直有「客戶轉介」,擁有穩定客源,而不須花費太多行銷預算。

目前為止,詩予老師透過經營這個英文社團,平均每半年有一場英文演講,整年獲利超過2萬元;英文線上家教的每月業外收入為1萬元;此外,還協助了她的藥師朋友在國外發表演說,拿到最佳演講者獎。

特別的是,在這個自媒體微創業計畫中,她遇到

適合一起生活的人。後來我也遇到其他VVIP希望我介紹適合的對象，因為他們也想和詩予老師一樣，實作「七週遇到對的人」，得到幸福。但開了公司後，我實在無法再辦那麼多活動，於是請臺南的詩予老師不定期舉辦相關活動，把幸福帶給更多人，因此又成立了第二個Facebook社團「遇見。新朋友」。這個社團，每月平均舉辦一場聯誼，獲利2,500元。

詩予老師的自媒體微創業獲利計畫整年度平均結算如下：

本業月薪4萬元，實行「3333計畫」後，平均月薪增加1/4以上，每月固定收入至少增加一·二五倍以上（有時不同月分的案量會有所變動）。

其實，以上這些英文線上家教與舉辦聯誼等計畫，都是詩予老師真心想做的事情，不僅是為了獲利，也是希望大家的生活能夠更幸福美好。經營自媒體除了是多一份副業，增加收入，最重要的還是做自己真正喜歡的事情。錢很重要，但人生的幸福不是只

有賺錢或數字增加而已。

詩予老師的自媒體微創業實作十分成功，我也私心希望她與另一半在未來可以進一步開婚友社，造福更多有緣人。

梅塔總結──目標與行動數字化

無論你要經營直播、YouTube、網誌，或是Instagram，首先要思考的是，花多少時間、達到什麼樣的目標？將行動與目標數據化，才有動力前進，並能快速完成。例如我在2017年的PressPlay訂閱服務專案，一個月訂閱金額近9萬元，我是如何設定目標的呢？根據近期行政院主計總處統計，假設你的每個月工作所得超過7萬元，就贏過95%以上的人。你還會發現我的另一個策略：我的訂閱人數並不多，但是訂閱金額卻遠遠高過擁有百萬粉絲的網紅。雖然我只有一百個「超鐵粉」，訂閱金額卻遠超過百萬粉絲 KOL 的轉換率。其實，擁有一百個超鐵訂閱者，就可以超過九成以上上班族的收入嘍！

除了設定目標，我更想強調一個觀念：時間是有限的，請把一年至少一百小時的自媒體獲利嘗試「數

據化」。

眾所皆知的「一萬小時定律」，出自於作家麥爾坎‧葛拉威爾（Malcolm Gladwell）的著作《異數：超凡與平凡的界線在哪裡？》（*Outliers: The Story of Success*）。他提到，所謂的天才之所以非凡，並非天資過人，而是持續努力，一萬小時的鍛鍊是從平凡變成超凡的必要條件，而要成為某領域的專家需要一萬小時。也就是說，在達到某領域的世界頂尖水準之前，要有計畫地運用一萬小時，假設平均每天花三小時在該領域上，換算約為九年。

該書也提到，在這過程中，確保練習時間而且不中斷，是非常重要的。除了經營自媒體，人生當中也常遇到需要在期限內達標的時候：

- **距離考試之前，還有多少時間？**
- **下週要交出企畫案，該怎麼做？**
- **下個月要出書，要完成多少個步驟？**

根據上述國外的研究，想要在任何領域擁有世界級的水準，花上一萬小時，而且持續品質良好的練習是必備的。

任何目標包含經營自媒體，都要先想清楚「期限」為何？在那之前要確保多少練習時間？人性是這樣的，往往因為時間有限，而更能提升練習的品質。例如本書主編總是利用 Facebook Messenger 的計畫功能設定 deadline，讓我發現原來自己是可以一天寫超過一萬字的阿宅（笑）。

個人部落格「葉峻榳醫師」＜https://reurl.cc/mDD9W＞

其實葉醫師本業的獲利能力就很穩定，當初我們算是因為手機遊戲而開始有交流。他經營的網站內容不錯，只是 SEO（Search Engine Optimization；搜尋引擎最佳化）需要調整，再加上他希望可以透過既有網站與個人品牌提升獲利，因此我開玩笑地問他要不要成為我的 VVIP？葉醫師在訂閱期間，除了 SEO 諮詢，我還會提供廠商代言或企業內訓合作價碼等談判建議。總之，我有點像是扮演「幕後經紀人」的角色（誤）。

每月至少 1 件的代言或合作案

當時，我的團隊給了葉醫師以下的建議：

- SEO 優化
- 文章標題與內文修飾
- Google 廣告
- 異業合作諮詢
- 法律相關建議
- 個人品牌與網站定位

　　葉醫師在網路上的能見度提高後，也開始接到廠商業配邀約與異業合作案，由於牽扯到合約與法條，我們團隊的建議也讓他避掉不少坑。節省浪費時間的「合作」很重要，特別是對於醫師這類時間成本很高的族群。

　　我們討論出其中一項獲利目標：平均每月透過個人網站帶來至少一件的代言或合作案，也就是以一般上班族月薪3萬元以上為目標。

聚焦與定位

　　當時，葉醫師每個月經營的網路平台包含部落格、LINE、Facebook、YouTube頻道等，都十分不錯，處於「很多領域都想要經營，也很多都做得不錯的狀態」。然而，有時候能力太好，可以選擇的路

太多，卻也是獲利失焦的主因，很多人都因此失去主軸。於是，我觀察到葉醫師如果要更進一步提升獲利程度，關鍵在於「定位」。

思索未來

唯獨「定位」這個問題，在本書出版前，葉醫師一直遲遲沒有執行到位。他依然隨興地在個人部落格上書寫各種領域的文章。直到最近，他開始思考以下的問題：

- **未來我想要過什麼樣的生活？**
- **我想要創造什麼樣的價值？**
- **現在的狀態是不是還能夠變得更好？**

葉醫師開玩笑地說我是先知嗎？提早預知半年後會遇到的問題。因為這也是我曾經遇到的問題。

在想像未來的生活後，葉醫師的執行效率超乎預期，立刻架設了新的線上知識平台「葉峻榳診所」＜https://www.yehclinic.com＞，專注在自己擅長的領域「醫學」與「運動」。同時，個人部落格則改為用來記錄自我成長。

梅塔總結──「不做」什麼，比達成什麼更重要

　　從葉醫師的個案，我的感觸是經營自媒體更重要的是蒐集情報後，決定「不做」什麼，尤其對於高收入族群而言，最缺乏的資源其實是「時間」。與其什麼都經營，不如選擇自己最感興趣的領域持續下去。

　　首先，初學者朋友在一開始決定經營領域、蒐集資訊的時候要考慮以下兩點：

1. **尋找經營自媒體的條件與程度，跟自己差不多，而且最後獲得成功者。**
2. **觀察與掌握那些成功者的經營內容與重點。**

　　舉例來說，如果有一個人像我以前一樣完全沒有運動經驗，但想跑完全程馬拉松，比較適合的方法是，在網路搜尋與自己條件類似的人，看他們跑完全馬的經驗談，或者與這些成功者見面交流。

　　同樣的道理，也可以應用在自媒體的經營上。在蒐集成功經驗談的時候，最好找剛開始的狀態與擁有的資源跟自己類似的人。因為跟自己一樣，甚至程度

比自己更低的人經營自媒體的成功經驗，可以提升自我認同感。另外，多與不同領域的人交流，可以找到這些成功者的共同點，掌握成功關鍵。

蒐集好資訊以後，如果你想變成某個領域的達人，就必須思考投入時間的優先順序。選擇「不做」什麼，比達成什麼更重要。所以，我建議將自媒體經營結合目前的生活，並且思考以下幾個方向：

- 改變經營方式後也不會造成困擾的事情？
- 一旦中斷經營後也不會帶來困擾的事情？
- 放棄經營後也不會感到困擾的事情？

放棄經營自媒體後也不會造成困擾的事情，就是現在不需要做的事情。思考清楚後，經營自媒體與實行其他目標會更有效率。比如我就無法像葉醫師一樣，一個小時內完成一篇部落格文章，但是我可以每天都「放很開」地直播，毫無偶像或專家包袱。選擇讓自己開心的領域和方式才會持久，如果痛苦地什麼都經營，即使賺到錢卻也得不到快樂，不是很可惜嗎？

案例③──想「賺回訂閱金額」的建築師唐嘉鴻

「真心為你著想的人，要緊緊抓住。」

這是建築師唐嘉鴻訂閱我的服務後所說的話。

嘉鴻從事建築規畫與室內設計，同時也是事務所老闆。他會訂閱是因為好朋友的推薦。訂閱之前，他用 Google 肉搜並觀看我的 Facebook 直播，可能是因為大素顏全程直播太醜了，當時他很難理解為什麼有鐵粉這麼狂愛我。「訂閱這個專案，你們快樂嗎？」在得知我們共同友人肯定的回答後，徹底激發這位熱愛多元學習的建築師的好奇心，於是毅然訂閱，成為VVIP，打算來拆解背後的獲利原理。

成為 VVIP 後，嘉鴻經常接到我關心他近況的電話，感到我強烈的意圖：「我想幫助你，讓你變得更好。」後來他開玩笑地說，以下這句話可以解釋為什麼這個服務的訂閱金額如此高：

幫人賺錢＋照顧心靈＝無價！

我也很意外，原來一年超過1萬元的訂閱金額，對於許多人來說是過高的。

把學費賺回來！

嘉鴻有一個很有趣的特質——會把學費賺回來，所以我打趣地說：「至少我會幫你把整年的訂閱金額賺回來！」我們討論出，每月平均一千多元的訂閱金額，至少要讓他在一年以內回本。

當時，他平均每月花3,000元左右在學習上，學習領域很多元，包括談判、架站等。同時也經營個人網站、YouTube、LINE、Instagram一段時間，可以說是自媒體達人。以下包含「人脈」「企畫」「轉介」等幾點來說明透過自媒體得到的收穫。

拓展客群

> **「嘉鴻，你想過嗎？其實你上的這些課程的『同學』，也許對於你的『輕布置課程』有興趣。」**

嘉鴻當時開設一門「輕布置課程」，提供不花大錢裝潢，透過布置也能打造美好空間的方法論。我協助他增加更多元領域的學員，特別是對於輕布置有興趣的小資上班族群。許多上班族在租屋的期間並不想花大錢裝潢，但是又有布置居住空間的需求。這樣一系列的課程結合他的專業，相當具有原創性，也很吸引願意學習的學員。

當時根據我的觀察，可以拓展以下客群：

- **周遭沒有可以詢問輕布置與裝潢相關知識的人。**
- **雖然買了很多手作裝潢書籍，卻跟我一樣還是很多地方不懂的人。**

我確信這個輕布置課程有一定的市場，因為「獲利的重點就在於可以立即解決客戶所遇到的問題」。許多人都有想美化居住空間的需求，也想擁有花小錢嘗試改變空間的體驗。

另外，除了擴大不同領域的輕布置初學者學員，我也建議他將實體活動與授課過程，錄製成線上課程與音頻。年輕一代的上班族群是網路原住民。假設心中有疑問，卻擔心「問這種問題會不會很好笑？」的

年輕上班族，便會先在網路上搜尋與研究。這個課程一定可以在網路上集客，所以我也轉介線上課程與音頻廠商給嘉鴻，希望為他增加更多元的「睡後收入」。

驚喜包——人脈、企畫、轉介

我邀請嘉鴻參加一場活動，因為來賓是推廣美好生活的專業整理師 Sunny 老師。這個契機促成兩人後續的合作，他們嘗試一起直播、規畫線上課程。Sunny 老師也在社團幫忙推薦輕布置課程，讓課程順利開班。嘉鴻說，我推他一把就開啟了許多機運。

根據他的個人特質，我為他規畫寫書方向，連市場賣點都一次打點完畢，但因為內容太勁爆，他遲遲未動筆（我自己都拖稿一年，很能體會）。此外，還提供他創業的建議：「嘉鴻，你一定要參加比賽得獎！」這句話他一直放在心裡，持續累積的案例與作品也達到一定程度。

嘉鴻直說，我有「許願池」的功能，當我知道他需要或想要什麼東西，就會默默地促成實現。成為 VVIP 的期間，他認識了「那個奧客」的李里歐、「M 觀點」的 Miula、出版社編輯、電視節目製作人等，目

前只差呱吉議員還沒實現（誤）。如果沒有加入這個訂閱專案，不會認識同溫層以外的人。實際與這些高手對話，了解他們背後的想法與未來的發展，可以得到一些啟發，簡直是夢寐以求的經驗。嘉鴻感性地說，成為我的 VVIP 很幸福，每次電話或私訊一來都會附上「驚喜包」，還笑說跟著老司機上車準沒錯。

嘉鴻以上的實作都很好，如果真的要調整，應該是注重健康與多留一些時間給自己吧（笑）？

梅塔總結 ① ── 設定最小目標，融入生活當中

我非常認同嘉鴻的觀點：

> 「今天我只要花了錢去學習這門課，就會想著該如何把學費賺回來？甚至如何透過所學來賺錢？」

同樣的，我也曾經思考過：

「環遊世界花了 20 萬的我，有辦法透過演講或其他活動，把旅費賺回來嗎？」
「我有辦法透過經營訂閱服務，賺回投資在 #一書一觀點的買書金額與時間成本嗎？」

　　類似的長期獲利目標，往往需要漫長的時間。為了讓自己持續下去，千萬不要一邊忍耐一邊執行，最好的方式是，將目標自然地融入生活中。比如學了架設網站的課程，與其計畫每個月要靠著架設網站超過目前月薪，不如一開始想著如何賺回學費就好。

　　這種概念有點類似一開始以「絕對會成功」的事情為目標，為何要設立一定會成功的目標呢？因為可以享受達到目標的成就感。當「達到目標，心情很好」的感受重複出現，自然而然就會習慣享受這樣的喜悅，並且持續行動，變成良性循環。相反的，如果目標設定過大，很容易因為沒達到預期效果而受挫。與其過度重視做了多少行動，更應重視可以享受多少達標的成就感。

梅塔總結 ② —— 了解自己的行動 SOP，再設計合適的經營模式

　　除了把學費賺回來的價值觀，我在嘉鴻身上也發現 SOP 的必要性：先了解自己的行動思維模式，再來設計適合自己的自媒體經營方式。

　　最近關於設計自己人生的相關書籍非常流行，我對於這一系列書籍實作後的啟發是「行為拆解」。舉例來說，我之前每天在 Facebook 直播 # 一書一觀點，一段時間以後，大概可以拆解成以下十個流程（類似 SOP）：

1. **選一本已經閱讀與實作過的書籍**
2. **整理直播重點**
3. **構思直播腳本與分鏡**
4. **預告直播時間**
5. **撰文分享本日直播書籍與重點**（至少 hashtag 書名）
6. **開始直播並點名線上朋友**
7. **私訊給分享心得的網友，詢問姓名、贈書住址、聯絡電話**
8. **請助理寄書**（寄書之前寫明信片）

9. 通知贈書寄出時間

10. 與出版社合作的書籍，寄直播連結給贊助廠商參考（月報／季報／年報）

　　大家是否很意外原來直播有那麼多步驟？而且這還是我單純用手機直播，沒有使用 OBS[5]，就已經有這麼多的流程。

　　「直播」不只是一個動作，其實經營自媒體是由一連串的行動累積而成的。經營一段時間以後，可以嘗試分解自己的行為，持續地優化與調整，<u>直到不必用大腦思考，身體自然而然像內建程式一樣執行</u>。在優化與調整的同時，可以去觀察值得作為榜樣的自媒體創作者，分析他們與自己的差異，邊做邊調整，重複練習。

　　另外，我想分享一下經營自媒體的四階段：第一階段是「不知道的狀態」；第二階段是「知道，但不會做（不想做）」；第三階段是「如果意識到，就做得到」；第四階段是「已經養成習慣，沒有特別意識也做得到」。

　　以下舉＃一書一觀點直播的例子來說明：

[5] OBS（Open Broadcaster Software）免費的實況直播錄影軟體，可用來直播和錄製影片。

第一階段：什麼是直播？我該怎麼直播？

第二階段：知道怎麼直播了，但還無法直播，因為沒有好主軸與平台。

第三階段：多少理解直播了，但面對鏡頭還是很羞澀。

第四階段：已經習慣每天透過直播（自媒體）來創作內容了。

　　重複練習到有如身體的一部分，達到可以自動開啟創作模式的地步。在這過程中，請重視自己的「行為」而非「結果」，為什麼？因為自媒體的結果是由市場控制，不是我們可以控制的，當然我也知道很多人在經營的過程中會「想要更好」「想要更多粉絲觀看」，但愈是這樣，對於未知的未來就充滿不安，不要煩惱自己無法控制的事情，要將專注力投入在可控制的內容創作與持續進行。

　　馬上去執行自己可以做的，會比空想與不安來得更有意義，這也是我在建築師唐嘉鴻身上得到的啟發。

案例④——從數位廣告領域
轉為自媒體創作者的 Mika Lan

Mika 在網路上看到我環遊世界的分享後，便默默追蹤我的 Facebook，收看＃一書一觀點，看著看著，她心想若有機會，<u>想認識每天讀一本書然後花一小時直播的自己。</u>

某次，她報名了青創學院舉辦的公開活動，那是我們第一次見面。她覺得我很特別，熱愛分享資訊給需要的人與對的人，對於她下班後經營的美食領域 Instagram，我也給了寶貴的意見。

> **能走網路，就別走馬路。**

這一直是 Mika 的價值觀。身為網路世代的她，深信網路能影響這個世界，甚至改變生活型態，網路對她來說是密不可分的。從以前的公布欄、報章雜誌等傳統媒體，到現在的 LINE、App 等網路平台，不到十年之間發生這樣的變化，全拜網路所賜。以前如果想要擁有多元人脈，可能需要參加實體活動，透過介紹來認識；現在可以藉由搜尋網路關鍵字或是網路廣告而得知感興趣的活動，並找到同好，一起交流。遇到我之後，她開始串聯起人與人之間的連結。

Mika 之所以想訂閱我的服務，其實不只是為了更有效地經營 Instagram 並且獲利，而是希望對於網路行銷工作圈帶來跨界的靈感啟發。

比起「獲利」，更重視「價值」

我後來發現，許多 VVIP 比起自媒體「獲利」，更重視「價值」。Mika 在自媒體經營的路上想進化為「Mika 2.0」卻不甚順利，其實並不是因為技術或所學不足的問題，更多時候是「心理」的因素。

以前的 Mika 還處於迷惘的階段，剛成為 VVIP 的時候，沒有什麼自信，但其實她是個很棒的女生。許多優秀的二十幾歲女生，往往會有信心不足的情況，因為類似的女性參考值太少。於是我鼓勵她，這也是我的真心話——像她這樣懂程式，又有數位廣告投放能力，還能夠持續經營自媒體的年輕女生，一定是個潛力股。而現在的她，已經進步到可以直接與我分享觀點，而且「糾正與督促」我的自媒體內容。

Mika 最早透過 # 一書一觀點，閱讀了我推薦的書籍，開始與同溫層以外的厲害人士交流；後來訂閱我的服務，改變了心態和想法，特別是，與「金錢」相

比，「時間」上的獲益良多，就像是走了一條捷徑。在訂閱期間，認識了多元領域的人，而且又不是純商業性質的互動，對她而言這是在同儕間所得不到的寶貴財富。

善用生活中10％的時間

Mika曾在廣告媒體公司負責Facebook廣告投放。看到我「把人生當作實驗」的一年一百挑戰而獲得啟發，開始嘗試「把人生當成公司」來經營。例如一個月閱讀超過三本書，雖然速度並不是特別快，但她不光是閱讀，還實際「動手做」。

在＃一書一觀點中，令她印象最深刻的是《學得快才會想學！：黃金20小時學習法》（*The First 20 Hours: How to Learn Anything... Fast!*）的實作，顛覆了一萬小時定律，事實上這也是我觀察到許多自媒體創作者的迷思，網路有所謂的「先驅者紅利」，比起做到九十五分才開始經營自媒體，不如大概有個六十分的準備程度就把作品去到市場上測試，邊做邊調整（很多時候，我甚至不到五十分就直接衝了）。

讓Mika印象深刻的還有《不離職創業：善用

10%的時間與金錢，低風險圓創業夢，賺經驗也賺更多》（*The 10% Entrepreneur: Live Your Startup Dream Without Quitting Your Day Job*）的實作，這本書也啟發了我提倡一年一百挑戰。正如該副書名，Mika在訂閱期間也將這個概念融入生活10%的時間中，結果不只為她帶來金錢，更增加了人脈與曝光：

- 參與了十三場以上不同的自媒體交流講座、個人分享會、行銷策略講座。
- Instagram流量在三個月內達到千人。
- 到高雄青年職涯發展中心演講，實現了2017年立下的目標——當一天的講師，分享自己的知識與技巧。
- 認識超過三十位不同領域的自媒體經營達人。
- 因為熱愛美食，從美食開始設計自己的品牌標籤，創造自己的網路關鍵字「Mika_map」。

公司官網「創才顧問服務有限公司」<https://ccittkol.com>

粉專「直播研究室」<https://goo.gl/FJYnRE>

Monica

新網紅讀書會創辦人

亞洲悅讀人大學創辦人

創才顧問服務有限公司執行長（以上皆現任）

Monica 認識我的時候，剛好是職業生涯的重整期，面對前幾次創業失敗與經濟壓力，她處於自信不足的狀態。帶著捧場與測試的心態，訂閱了我的「每月 1,399 方案」，雖然金額不大，但是對於開始創業的人來說也不是一筆小數目。

我觀察到，企業的某個領域對於直播的需求是她可以準備開公司投入的市場，所以我也算是推坑 Monica 開公司的壞朋友之一（笑）？

從單純講課延伸各種合作與收益

我對 Monica 的建議是，如果結合她之前在廣告公司的人脈資源與多年的工作經驗，以及後來學到的直播技術，可以透過企業內訓或演講邀約等機會，與企業談長期輔導或其他長期異業合作案，就不只是單純去講課而已。

我轉介給 Monica 適合長期合作的企業內訓單位。然而，我並沒有像仲介每個案子都會抽成，因為這個訂閱服務成立的初衷只是想更有效地回饋＃一書一觀點的朋友；訂閱金額則當作我的學習基金，也就是投資自己腦袋的基金（如果我認真要做中間人經濟，這些沒抽的

佣金大概也累積好幾桶金了吧）。

獲利總彙整

Monica總結了因為訂閱服務而產生的有形與無形
收益（可以開公司而在市場上獲利的人，果然思緒與能力清楚又
明確）。

Monica 從 2017 年九月訂閱到 2018 年年底，一共
十六個月。前三個月透過我的直接引薦並協助安排的
直播與自媒體課程、講座共三場，授課單位有高雄青
年職涯發展中心、教育部資訊志工培訓研習營等，實
際收益為三個月訂閱金額的一二・七二倍。而第四個
月起，由於我的直接推薦與授課單位對於 Monica 的教
學肯定，後續延伸了五場課程，授課單位除了高雄青
年職涯發展中心，還有臺南大學、高苑科大、救國團
等，實際收益為後續訂閱金額的一・六七倍。

除了課程引薦，還有人脈引薦，例如立達國際
法律事務所營運長周建誠、政治人物王致雅、愛玩客
製作人，以及微程式資訊技術長薛共和等人，都成為
Monica 的合作夥伴。

先前提到推坑開公司這件事情，Monica 於 2018 年二月成立公司，半年後達到損益兩平，開始獲利，年度總結公司投資報酬率為 200%（雖然她想低調而不公開○百萬元的營業額，但我喜歡讓市場呈現價值，因為她值得）。

此外，她學到自媒體經營與個人品牌建立，鎖定直播與個人形象，強化自身特質，並且在我的建議下，善用在廈門的資源，強化自己的稀缺性，串接「兩岸」知識型社群。

經過這一年多的歷練，並且在我的不定期協助（？）之下，能力大幅提升，公司營運也蒸蒸日上。她常說想回饋我，因此邀請我擔任書粉聯盟共同創辦人、新網紅年度論壇講者、時報出版與今周刊等單位的活動講者，但其實看到市場證明她的價值就已經是最棒的禮物了，非常激勵人心！期待 Monica 在 2020 年的發展與進步。我也很認同這位女創業家「雙贏共好」的理念與價值觀。

梅塔總結 ① —— 請教的藝術

這是 Monica 在經營自媒體上獨到的地方，也是我應該多多向她學習的部分。

許多人會覺得，向屬害的大人物請教問題是很丟臉的事情，但有時候向經營自媒體的前輩請教，可以降低試錯的時間成本，少走許多冤枉路。只是，高手的時間都是很寶貴的，如同我之前說的，浪費別人的時間就是謀財害命的行為。

最基本的禮貌是，先確認問題點，再具體發問。如果你的問題夠明確，就可以得到具體解答。與高手交流的時候，可以坦誠說出目前的經營程度、感到困擾的情況，接著明確提問：

「目前已經經營○個月了，遇到○○○的情況，如果想要進步，該怎麼做比較好？」

結束後一定要道謝。請屬害的人指導自己，就代表對方騰出可以用來自我成長的時間，不吝與你分享透過時間的累積與歷練才擁有的自媒體經營祕訣，所以一定要向對方表達敬意與感謝，並將心情化成具體行動，而不是滿腦子只想到自己。不過，不一定要花大錢給對方顧問費或者請吃飯，可以寫感謝函、幫對方口碑宣傳，或是介紹廠商。總之，以目前自己做得

到的最大程度，讓對方感受到誠意，如果可以持續這樣做，未來這位高手可能還會反過來請教你。

梅塔總結② —— 數據化的能力

從以上 Monica 將收益內容、時間、金額具體化，就知道她在市場上獲利有其原因。雖然她常常謙虛說自己原創性不好，可是數據化能力強，特別是在經營自媒體上，設定目標時需要有數字化的能力。我還無法像她這樣，能夠明確數字化並條列出帶給 VVIP 的實質幫助。

設定目標也可以應用在考試或是運動等人生項目。為什麼很多人在年初設定「希望可以○○○」的願望，總是無法在年底實現呢？因為所謂的願望並不是目標。我經常開玩笑說，當目標變成了「夢想」，那就只是「夢中想想」。

而且，經常聽到很多人會用「否定法」來形容自己的目標：

「我不要常常感冒，今年開始要重視健康。」
「我不要只領22K，今年開始要好好學習投資理財。」
「我不要繼續待在原生家庭，今年請給我一個適合結婚的對象。」

　　一位朋友曾經說過：「我不要繼續這麼累的上班生活，我想創業開美甲店。」於是我反問她：「那麼妳真正想過的生活是什麼？可以具體舉例嗎？」對方一時語塞，最後這個目標當然沒有實現，目前她還是個上班族。其實我認為這位朋友並不是真心喜歡美甲，只是單純看到美甲產業「似乎」很好賺，但若只是要賺錢，不是只有美甲領域。以這位朋友為例，可以這樣將目標具體化：

- 今年開始不離職創業，下班當美甲師，一年投入○○○小時。
- 三年內從兼職美甲師做到自己開店。

　　同理，與其希望「英文變好」，不如調整成「○月○日○○天內，多益○○○分」；與其希望「身材變

好」，不如說「○天內 BMI 數值降到○○」，也就是運用以下兩個重點來設定目標：

1. **何時截止（時間數字化）？**
2. **到了截止日，自己會變成什麼樣的狀態（目標數字化）？**

遵守以上兩點來設定目標，就可以享受達標的成就感，也會更清楚今後的方向與對策。

另外，我想再以 Monica 的個案補充「期限」設定的方式。如果只是單純想玩自媒體，當然無須設定時間；如果想要經營，就必須善用數字。許多人沒有設定期限就開始行動，導致投入時間與花費金錢等試錯成本過高。請試著寫下經營自媒體後達成目標的自己，而且最好能夠像 Monica 這樣具體化（預視概念）。

決定了目標與期限後，應該計算在期限內有多少時間可以運用。舉例來說，假設距離截稿日還有兩個月，平日每天寫一小時、週末每天寫一小時，就可以想像完成的速度，計算結果如下：

（1小時×40日）＋（1小時×16日）
＝56小時

　　如果一本書完稿的基本字數是六萬字，至少每天要完成一千字以上的稿量。除此之外，計算出完稿需要五十六小時後，除了思考「五十六小時完全用來寫稿」，還必須考慮「只剩2/3時間可以完稿的方法」或是「只有一半時間可以趕稿的計畫」。也就是說，不僅要計算時間，還要擁有多種計畫。實際上，預定達成目標的時間都會比實際投入的時間少。所以，除了主要計畫之外，其他備案都是必要的。如有突發狀況，導致時間不夠，就不會焦慮了。以上都是我從Monica身上得到的啟發。

案例⑥——從對桌遊的熱愛

找到邊玩邊賺錢模式的板主C

粉專「兒童玩桌遊想享人生」<https://reurl.cc/QXee2>

　　粉專「兒童玩桌遊想享人生」的板主C曾是某科技公司的超級業務員。在訂閱我的服務的時候，由於太過要求自己的業務績效，導致健康出現問題而離職。當時C的身心靈需要平衡。我也發現到，她非常喜歡參加不同的活動，因為大家共同參與，會讓她擁有一種「家」的歸屬感，這也是為什麼她喜歡可以與許多人接觸的業務工作。

　　我推薦她使用一些App，例如透過Facebook Local參與不同的在地活動。另外，C擁有存了二年以上的生活積蓄，對她來說健康是最重要的。Facebook Local常舉辦有趣而且平價，又是在地的活動，C可以 邊休養，又每天參與各種活動。

邊玩邊賺錢的桌遊計畫

> 「既然妳那麼喜歡參加活動，為何不創造一個大家因妳而聚在一起的活動？」

　　我建議 C 可以透過之前的業務能力與人脈資源，與當地商家談互惠合作，每月至少辦一場以上的收費桌遊活動。我曾經參加過她舉辦的桌遊活動，發現她很會選擇遊戲種類，連我這種不愛玩桌遊的人，都玩到忘了時間。

　　最初的策略是，一個月舉辦數場桌遊活動，每月支出 3,000 元以下，包含場地租借費與粉專廣告投放費，初期的客群都以當地人為主。

開放性思考

　　有關這個一邊玩一邊獲利的假日桌遊計畫，C 後來想鎖定「兒童客群」。然而我建議鎖定「銀髮族群」，這樣一來，不論是開發後續的企業內訓或是其他合作，都會有更廣的發展。不過 C 提到，摸索的初期

先持續經營自己擅長的領域，才會有動力一直辦下去。

> 「梅塔，就像妳說的要開放性思考，妳怎麼知道這些孩子的爸媽未來不會成為我的『銀髮族』客戶呢？」

她這麼一說也有道理。畢竟我的觀點是，做自己感到有能量的事情一定會賺錢；但是做會賺錢的事情不一定能為自己帶來能量，也未必可以持續下去。

用照片記錄與hashtag

C 從 2018 年九月開始，直到本書出版，已經累積舉辦超過十五場以桌遊為主的各種主題活動，除了 2019 年一月休息而停辦之外，平均每月都穩定舉辦三場以上的活動，收入 8,000 元以上。

我也建議 C 如果考慮長久經營，未來可以與朋友合開活動公司或相關協會等。在此之前，我一直提醒 C 要透過自媒體累積活動作品集。C 在每場活動結束後，會在照片上註明第幾場活動（因為她常常忘掉），

然而我建議，與其要求每張照片都配好完美的文案後再發布，還不如「先求有，再求好」，持續用照片「記錄」，然後一定要用「＃」來 hashtag 合作廠商，並記得每次合作的窗口。

我永遠記得從零開始就一直支持我的老客戶，並且與這些支持者保持一定的聯繫，而這些支持者往往也會因為認同我的價值觀，持續轉介合作機會給我。但許多人在自媒體獲利的路上，花費太多時間在「陌生開發與提案」，非常可惜。陌生開發並沒有不好，但是浪費太多時間在「可能會被拒絕」，而沒有持續經營與創作，反而會錯過真正的機會女神。

梅塔總結① —— 尋找各種支持者

自媒體經營初期，最好將內容分享給「支持者」就好。與其想讓所有人都支持你，不如從一小部分的支持者開始。至少利用一個月的時間測試，你可以看到前幾個個案，我幾乎都是這樣建議。

●展開自媒體微創業行動的二十一天內——尋找會監督你的支持者

就是會對你說「你不是說○點要直播？」「你不是

說要直播○本書？」的支持者。

● 展開自媒體微創業行動的二十一天後──尋找 不同角色的支持者

就是當你說「這三週我已經完成○○○內容」的時候，除了鼓勵你，還會給你建議的支持者。這種支持者可以讓你養成調整與優化的習慣。

在這個階段，還可以尋找比你厲害的自媒體前輩支持你。想持續做一件事情，又想要成長，重要的是支持者的存在。

梅塔總結② ── 開啓學習模式

如果可以的話，最好把自己學會的事情教給別人。學習理論中有一種說法，學習成效最高的方式，就是將所學再轉教給他人，如此一來就可以記住所學的90%，也就是將input轉換成output。例如將學到的知識分享在部落格，或剪輯成影片分享到網路社群。另外如果時間允許，請訂閱者問你問題。因為馬上回答問題，就會變成體驗式的記憶，這樣學習與內化的效率會大幅提升。＃一書一觀點也是結合這兩大元素，我將閱讀後實作的經驗透過直播分享，並且在每

集直播上詢問收看者問題，然後立即回覆。

　　其實，人類是一種與其「為了讓自己開心」，更會「為了替自己開心的人」而發揮能力的生物。如之前提到的，經營自媒體，就是仰賴支持者的存在。愈是厲害的自媒體創作者愈能影響周遭的人，替他開心的支持者也會更多。為了感謝訂閱者、讓支持者開心，於是持續朝目標前進。

　　每次收到看完＃一書一觀點的粉絲私訊，聽他們分享我的直播內容解決了生活中哪個問題，就是我經營自媒體的意義──做自己開心的事情，又可以日行一善，幫助到需要的人。這樣每日允實的幸福感，讓我希望更多人可以感受到經營自媒體的樂趣，也是這本書出版的意義之一。

Facebook「雷惠恩」（聊聊請寄信至：rationalglow@gmail.com）
<https://goo.gl/Nf2URh＞

案例⑦——透過自由接案開始獲利的研究生雷惠恩

　　喜愛文字和閱讀的惠恩，與多數人一樣，都是許多說書節目的閱聽者。後來無意間聽到＃一書一觀點的直播而被「圈粉」，因為對她而言，＃一書一觀點能夠快速摘要一本書，提出許多非主流或是直播主特有的觀點，於是就一路跟著我，訂閱2017年的服務，成為VVIP的一員。

　　當時，她的身分一直都是研究生，繁忙的課業以致於遲遲沒有展開自媒體經營計畫，不過在我的「刻意壓力」下不斷接案，而有了豐富的業外收入與成長。

影片剪輯

與惠恩討論後，決定先從她擅長的「影片剪輯」開始。我們設定的目標是，協助提升她的接案收入超過一年一萬多元的訂閱金額。

隨著一次一次的網路接案，就像編寫自己的「可動名片」，不斷地刻意練習與熟悉技能。現在，惠恩接案的範圍已經涵蓋說書撰稿、履歷與作品集設計、結婚書約排版與設計，另有活動策畫、剪片等。

當時我剛好有一個關於＃一書一觀點的實驗性質頻道，於是直接找惠恩合作剪片。其實過去她只在補習班協助推甄備審集的美編製作，完全沒有剪片的經驗，但我相信只有真正喜歡書本與＃一書一觀點直播的人，才可能做好這一系列的影片剪輯。

就在我立刻把線上工作群組建立好，正是她碩一的時候，課業與報告非常繁重。惠恩說我十分體貼，讓她與助理群按照自己可負擔的工作量分配與排程。她總是覺得我的心臟很大顆，因為我完全授權，想要怎麼呈現、加強什麼，都交給她，給予絕對的信任與彈性，也讓她在短時間能不斷地刻意練習。

最後，她對於我支付的片酬也留下深刻的印象。當時，<u>對於剪片新手或學生而言，以一部 6,000 元計酬，實在很優渥</u>（不要問我到底請她剪了幾片）。

策畫展覽

有了 #一書一觀點剪輯的代表作，我順利地介紹她去某個更適合大展身手的 YouTuber 團隊。在此同時，我也鼓勵她持續多元的嘗試——策展。

臺灣的展覽要不就在雙北，要不就在高雄，在臺南舉辦的很少。而臺南的甜點店「町之戶在三樓」老闆娘Judy 邀請惠恩合作策畫「女子力星球展」。「女子力」指的是發揮身為女性的特質，這個展覽期許來訪者在每一個風格迥異的展間裡，就像抵達到不同的星球，在那裡，不用成為誰的典範，只為了成為自己的經典，活出內心真正渴望的樣子。

決定好展覽的主要受眾後，再鎖定有暑假的學生族群，因此展期只有短短的三個月，在這段期間，社群與自媒體的效用很大，因為網紅間的串聯讓人潮與熱度持續不減。直到現在，儘管展覽結束，還是會收到私訊詢問。在這個策展合作中，惠恩負責社群管

理、文案撰寫、平面設計，個人一個月獲利約3萬元。

社群經營——良緣帶良元

粉絲專頁「冒險者營地 - 桌上遊戲專賣店」<https://goo.gl/MbTQG7>

　　目前，惠恩與店長Jay、Daniel合作經營桌遊專賣店「冒險者營地」。不同於一般桌遊店，由於店長Daniel在英國求學期間接觸了戰棋，冒險者營地的TA是非常小眾且深化的戰棋領域。

　　惠恩負責經營社群與協同店長策畫活動，也就是說，線上互動與線下活動的能力都要具備。線上互動穩定地更新與推廣。線下活動除了既有活動之外，還規畫了週三桌遊之夜、與社團「遇見。新朋友」合辦桌遊聯誼團，以及增加特有的趣味賽制，透過這些嘗

試，粉專人數與觸及數皆穩定成長。有了社群經營，營業額增加約兩成，因此延伸許多模型組裝與塗色的教學需求，未來將進一步舉辦塗色教學與推動的線上課程。

特別的是與「遇見。新朋友」合辦桌遊聯誼團的體驗，惠恩很感謝同樣是 VVIP 的詩予老師與板主 C 的協助。透過我的訂閱服務，串聯起 VVIP 們都能互相分享與獲利的模式，也是這個服務內容的優勢。經營自媒體之後，初期是粉絲們認識你，之後你可以創造一個 group，將粉絲們串聯起來，賦予他們一個共同理念而齊聚一堂，這就是社群經營的概念。

梅塔總結—— 給想要開始改變， 卻煩惱可能做不到的你

經營自媒體後，人生往往會有戲劇性的轉變，這是我在惠恩身上獲得的最大感觸。

如果不是持續經營自媒體，她可能仍以為自己「只是上班族」。其實透過這本書，我還想再分享一件事情：經營自媒體後，對自己帶來最大的變化是「看待人事物的角度變得更開闊」。

經營＃一書一觀點之前，除了閱讀，我的興趣還有旅行與跑步。除了平均每天閱讀一本以上書籍的習慣，跑步也是從每天以超慢的速度跑1K開始。目前我的累計里程數超過1,000K，平均一個月最高紀錄是160K。在挑戰新事物的時候，我往往都是這樣漸漸提升目標。

　　不少人都說，可以環遊世界、每天直播一本書，或者一年跑那麼多公里很厲害。可是，這樣的厲害是因為我開心地持續而來的。因為變厲害了，我感受到自我的可能性超乎自己的想像，比如我之前無法想像一個月可以慢跑超過160K。

　　也因為變厲害了，我遇到更多不同領域的厲害人士。看著各領域的達人，觀察他們的練習情況，反思自己需要努力的地方，進而讓生活變得更充實，持續帶來正向循環。人生不是只有競爭，不是只有贏過其他高手。如果要在人生的道路上持續前進，可以體驗與更多高手一起自我成長的感動，這也是我在經營自媒體後意外發現的喜悅。

　　我之所以寫這本書，也是針對想嘗試經營自媒體而不知如何入門，或者無法持續的朋友，如果這些

個案可以為你帶來靈感與支持的力量，那就太好了。
不論是文字、影音，還是插圖，我都期待你看完這本
書後，與我分享你的自媒體創作（我永遠在線上等你喔，
啾咪）。

YouTube 頻道「熊遊戲Bear Gaming Asia」＜http://bit.ly/2BQhEjF＞

案例⑧——
耍廢打電動的百萬獲利YouTuber熊大叔

> 「『習慣』就像銀行的複利一樣，會回到自
> 己身上，既然你那麼喜歡經營這樣的國際頻
> 道，賺國外的流量錢，why not now?」

　　這是我在網路上初次認識熊大叔（uncle bear）時所說的話。

　　當時我非常意外，這樣一個擁有自媒體獲利能力的人，居然沒有發揮自己的才華。最大的原因，就是本書前面提到原生家庭帶來的「情緒勒索」。當時，uncle bear處於憤怒與低潮的狀態，他其實非常想透過經營自媒體與國際網路頻道來獲利，但是他的原生家

庭篤信某宗教，常常透過道德教條來綁住他。比如身為長男的他其實並不想接家業，卻被迫當免費長工，在自家公司擔任管理職多年，讓他非常不快樂。

uncle bear 想在自己喜歡的領域上獲利，而且確信可以增加「持續性的睡後收入」，然而父母一直洗腦並且否定他想做的事情：

「你搞網路沒有出息，接家業才穩定實在。」

我很難想像 uncle bear 在遇到我之前，是多麼痛苦地度過這幾年。我看到太多個案都像他這樣，明明是一個充滿創造力的「原石」，卻因為原生家庭的束縛而無法變成鑽石。所以本書才會一直強調無法經營自媒體或是持續某個目標，有時候是來自於原生家庭的心靈綑綁。

Meta：你知道嗎？真正的孝順是活出自己的人生。每個人的人生都是自己的藝術品，你要讓父母看到自己創造出獨一無二的人生。如果他們不支

持你，沒有關係，用時間跟作品來證明給他們
看，我支持你。那麼現在我問你，你要怎樣才
會快樂？

uncle bear：我希望可以年收百萬……我沒有體驗過那
樣的感覺。

真是很難想像外國人的他居然那麼窮（喂）。於
是我立刻回道：「你的才華在臺灣要獲利百萬很簡單好
嗎！」（獅子座認真起來的霸氣都會嚇死自己。）

脫離家庭束縛而活出自己的人生

後來，我快速替uncle bear賣掉他的某個網站，
並轉介網路流量相關的案子給他，在一季內他很快就
「心想事成」。其實在我們還沒碰面之前，所有合作都
是透過網路。

「梅塔，我決定訂閱妳的服務，還有跟妳合
作。我覺得妳會帶給我經營自媒體的啟發與
成長！」

當他透過視訊與廠商簽約，看到入帳的金額，簡直不敢相信自己的眼睛，於是二話不說訂閱我的服務，而且買了機票，從南美洲直接殺回臺北（我其實也滿傻眼的）。

> 「我才不想上班當社畜呢！我討厭接觸人群，我寧願經營自己的頻道，擁有被動收入與持續性的睡後收入。梅塔，請妳當我的顧問，我就每天耍廢，做我喜歡做的事情，吃想吃的東西，說想說的話。」

uncle bear 就是這麼的傲嬌與任性。有些創作者似乎有人群恐懼症，其實 uncle bear 不喜歡與廠商開會互動，於是我請他協助經營與過濾我的網路頻道合作案，並兼職成為我的「經紀人」（好佛心的訂閱專案）。我真心欣賞也是獅子座的他如此直率地表明就是要獲利百萬、就是不想上班，這個特質或許也是他訂閱服務後心想事成而且快速成長的原因之一。

讓我再次強調，前面花費那麼多篇幅（還與主編吵架）分析原生家庭影響心理所造成自媒體的經營無

法持續與獲利的案例，就是因為好多人都像uncle bear這樣啊！這樣的不快樂，必須自我發現與面對。達到身心靈的獨立與成熟，從來都不是簡單的事情，卻是值得自我投資的目標。

耍廢又獲利百萬的商業模式

我曾經請 uncle bear 向其他 VVIP 分享增加「睡後收入」的實戰經驗。以下則是這位大叔「每天」會做的事情：

- **睡到自然醒，跟梅塔講幹話，爽爽吃自己愛吃的食物，跑去蹓躂，見想見的約會對象**（其實是太宅被我拖去開會）。
- **花五小時打電動，玩自己喜歡的遊戲。**
- **花一小時剪輯影片。**
- **其他時間選自己有興趣的案子做，賺零用錢。**

以下是uncle bear經營自媒體的實績：

- **2018/10/28：成立YouTube頻道。**
- **2019/01/07：三個月內頻道開通，並且獲利（YouTube規定必須超過一千人訂閱與四千小**

時觀看才能開通）。

● 2019/02/20：第四個月達到每月收入1,000
美元、九千人訂閱、四百萬觀看次數、共上傳
七十支影片。

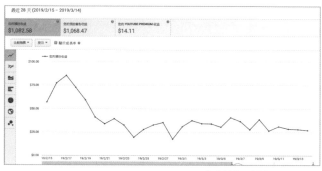

熊遊戲後台數據（皆為美元）

　　而且謙虛的他不只經營一個頻道，每月被動收入
其實超過這個金額，讓我忍不住想吐槽，uncle bear也
是八十年次後出生的，才不是什麼大叔咧！

　　最後謝謝低調的他願意分享這個數據。本來，他
不希望本書寫進他的個案，然而我堅持：「這是我的第
一本書，也可能再也不會出書了，我想要讓有緣買到
這本書的人知道你是怎麼改變人生的，也是我送給你
最浪漫的禮物啊！因為你的人生體驗是獨一無二的瑰
寶！」於是他熬不過我而妥協（賊笑）。

「既然你那麼愛玩遊戲，而且每天都在玩，為何不利用你最擅長又開心的事情來『獲利』呢？你一定做得到！」

　　雖然 uncle bear 的能力與實績可以說整整超過了素人適用的「3333計畫」範疇，但是這個案例應該可以帶給許多愛玩線上遊戲的朋友一些啟發——思考如何在遊戲領域透過自媒體獲利，所以很任性地堅持放了本案（喂）。祝福大家可以愈玩愈有錢。

梅塔總結—— 累積點數

　　讓自媒體的經營紀錄具體而且可視化，是我在 uncle bear 身上得到的啟發。

　　人往往有一種「累積點數就很開心」的心理，這也可以運用到自媒體的經營。舉例來說，我會在月曆上畫圈圈，記錄自己的直播集數。或許沒有集點習慣的人會認為：「累積點數很有趣嗎？」然而就像寶可夢手遊風靡全球，就是出自於這樣的心理，同理，記錄下為了瘦身而開始跑步的公里數、為了取得資格而讀

書的時間，都是累積點數的方法。這也是為什麼許多手機遊戲都有集點的機制，因為只要持續累積點數，最後就會得到大獎勵。選擇一個打從心底開心的領域，讓經營自媒體的過程就像玩遊戲般，而不要勉強自己持續。

案
例
⑨
──
生
鮮
時
書
創
辦
人
劉
俊
佑
（
鮪
魚
）

官網「生鮮時書」<https://newsveg.tw>

　　倒數第二個案例是閱讀知識型網路平台「生鮮時書」的創辦人劉俊佑（鮪魚），也是被我推坑開公司創業的朋友之一。鮪魚是接近年底才成為 VVIP，由於訂閱時間短，無法套入 3333 法則，但是擁有高度執行力與市場獲利能力，其自媒體經營的過程可以帶給大家靈感，於是在最後附上。

共享飯局

　　我們剛認識的時候，鮪魚正值創業的籌備期。他總是被我的熱情嚇到，好幾次的會面，我都會不時邀請新朋友一起「共享飯局」，連結異業人脈圈，碰撞出創業的火花。

我知道鮪魚當時的需求，於是介紹了廠商 Vitabox® 的 Halu，快速幫他媒合適合創業初期交流的朋友。他也向 Halu 諮詢了創業簡報，獲得不少幫助與啟發。鮪魚每次從旁看都覺得十分佩服，直說這種媒合能力不是一般人可以做到的。不過這也是我一直以來的習慣：讓適合合作的朋友互相交流。

萬事屋等級的訂閱方案

鮪魚說我的 PressPlay 訂閱服務內容，主打的是為 VVIP 連結人脈，並解決他們生活、事業、感情等大小事，有點類似線上閨蜜或是線上里長「婆」，他也是第一次聽到有人提供這種服務。這讓我想起漫畫《銀魂》的萬事屋，只要委託人帶著案件上門，不管什麼事情都能解決，在他眼中，我就擁有這種能力（快點哪家公司來收編我）。

基於好奇，鮪魚訂閱了這個服務，而且馬上感受到威力。舉個例子，有一次他急著要找專案經理，不管時間已是凌晨三點，立刻打電話來詢問我的朋友圈中是否有人可以勝任這個職位。

深不見底的人脈圈

　　因為我的熱情，他總是能夠認識各式各樣的人。例如在VVIP臺北場的年度尾牙上，認識了未來可能合作的對象——「吐納商業評論」創辦人Fred。之前，他也不知道前惠普總裁程天縱老師與新創公司合辦尾牙，還提供免費諮詢，我建議可以善用這個機會，請老師給他公司營運的意見。

　　鮪魚也說，我擅長發現新市場，總是向他提議「○○○跟你合作應該很契合」，然後透過我的一通電話，立刻去會面交流，例如M觀點的Miula就是這樣認識的。由於我擁有連結人脈的優勢，也受邀在鮪魚新創立的LINE原生音頻學習平台「通勤學」上開設相關課程，把人脈經營的心法教給更多人。

　　以下是鮪魚在2018年年底快結案前快速訂閱所獲得的實際收益與延伸好處：

● **實體活動收入**
2018年＃一書一觀點實體讀書會高雄場3,200元，外加來回高鐵交通費3,000元，共6,200元。

● **人脈引薦**

「VitaBox」Halu（創業融資諮詢）

「吐納商業評論」Fred

「M 觀點」Miula

「那個奧客」李里歐

● **其他**

與梅塔合作兩次說書直播，在生鮮時書創業初期
就受到關注與曝光，獲得不少流量。

案例 ⑩——擁有國際斜槓人生的戶外旅遊自媒體創作者 Silvia

Silvia

「希遊記 Silvia the traveler」創辦人

「波希太太 MS travel」YouTube 頻道創辦人

「希遊記旅行選物」代購社團創辦人

香港《信報》寰宇遊蹤專欄作家

部落格「希遊記Silvia the traveler」＜http://silviathetraveler.com＞

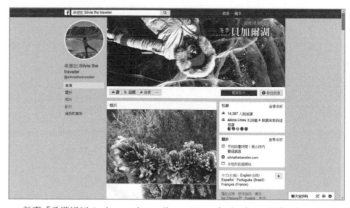

粉專「希遊記Silvia the traveler」＜https://www.facebook.com/Silviathetraveler＞

YouTube「波希太太MS travel」<https://www.youtube.com/c/mstravel>

　　波蘭人妻 Silvia，同時也是戶外旅遊自媒體創作者、專業講師、專欄作家，擁有國際而多元的斜槓人生。由於她才剛訂閱服務不久，雖然也不適用於3333計畫，但是其案例很值得大家參考。

　　Silvia的自媒體經營與我一樣，主打小眾市場，但是很重視「品質」。她一直在部落格記錄自己的旅程，2016年想進一步提升專業，被更多人看見，於是開始多方觀察不同的學習對象，參與不同的進修課程。

　　其實在 Silvia 訂閱服務之前，我就邀請她在 2018年高雄青年職涯發展中心的讀書會分享，她第一次嘗試跨出旅遊之外的主題，談談自己多元經營的斜槓人生。那場演講非常精彩，Silvia是準備了「九十分」卻

覺得自己只有「六十分」的人，相較於現在許多講話過於浮誇的 KOL，她擁有值得珍惜的「務實」特質。我下定決心，一定要竭盡全力幫助這位波蘭人妻被市場看到。

我們早在 2016 年某場電商單位邀請我去講述 Facebook 經營的課程上相識，那次的分享讓她留下深刻的印象。她後來坦言，其實她一直觀察我在自媒體上的發言，直到我經營 #一書一觀點，隨著我的分享，開始購買與閱讀自己感興趣的書籍。我與她分享人類圖的相關書籍，幫助她找到原廠設定，活出自己的人生，而且，並不是每個人都適合經營自媒體，雖然這本書並沒有具體提到相關應用，但是書中的許多部分可以讓她找到適合自己的經營方式。

跨國際的自媒體創作者

已經「不只是上班族」的她，也需要「個人獲利」「斜槓」等面向的書籍與觀點。我對她說，未來十年，她會是跨國際的部落格經營者，同時可以賺國際財。

> 「妳有能力打開電腦就可以賺波蘭與臺灣的
> 錢，而且年收會高出現在的二倍，可以平衡
> 家庭與事業。妳有能力與實力，我看到妳的
> 潛力。」

　　或許我的一字一句都點出她的現狀，她真心覺得
我這個小女孩很有自己的想法，提出的觀點無關是好
是壞，都能刺激思考的面向（雖然她不透露自己的年紀，但
常常旅遊、攀岩的她青春洋溢，搞不好大家會以為這麼老成的我才
是姐姐吧）。

　　Silvia 之前比較被動，看到我積極拓展不同市場
合作的可能性，於是決定訂閱我的服務，想更進一步
找到多元經營的方向。透過我的引薦，她認識各領域
的專業人士，對她而言更重要的其實是私下與我的交
流，我憑著「直覺」給了不少中肯的建議，並且分享
自己透過「非主流」的自媒體經營方式（雖然我也不知道
主流到底是什麼麼）所得出的經驗，令她驚叫連連，也因
此更確定自媒體經營與職涯發展的方向，以及本來沒
有注意到的網路獲利細節。例如，除了做「代購」之
外，可以透過國外獲利平台 PayPal，賺回波蘭與臺灣

甚至其他國家的錢。

　　務實而慢工出細活的 Silvia，目前設定獲利目標為每月 5 萬元以上，期待她的發展。

　　以上十個案例，都來自於這兩年我的 VVIP 們的真實個案（部分內容因版面規畫與涉及個人隱私而有所調整）。看到這裡，你是否熱血沸騰，想開始行動了呢？真實的案例最具說服力與能量，希望可以帶給你新的創作靈感。

透過訂閱服務改善或解決了什麼？
（依姓名筆畫順序）

Alicia	從梅塔身上看到無窮的行動力，除了獲得許多啟示和提醒外，也認識了很多有才華的大大，謝謝梅塔。 <https://www.facebook.com/AliciaChou2016>
Angela	Start to write Blogger.
Aya	跳脫自己的圈子，認識不同領域的人，就算只是靜靜在一旁觀察這一切，也很有收穫，期望自己也能跟上腳步。
Celine	透過人類圖釐清自己，「出租 Meta」提供給我工作方向。
Joanna Chiang	受到 Meta 的自學人生與豐富的生活信念影響，我也成為了無私的愛的傳遞者！
Macaca	增加各種新見聞，也改善人生問題，確定工作目標。 <https://www.facebook.com/hamahoshi>
Ruby（戴宛宣）	Meta 的頻道，讓沒有參加任何商業社團的女力老闆我，多了一個 Mentor，看見各產業更廣大多元的觀點，增加更多的交流機會。 <https://www.facebook.com/blankinnovation>
ryan	很棒！
Snow	對人生大改觀，懂得善待自己，活得更像自己。 <https://www.facebook.com/snow.yu.9>
StanleyShia	提供人生迷茫時的珍貴建議，給予工作上許多實質幫助與資源。 <https://www.facebook.com/ChinTang.Digital>
Tequila	變得更豁達。 <https://www.tequila1990.com>

Wenling	Meta是我的人生明燈❤❤❤ e.g.「七週遇見對的人」實體讀書會、Google Analytics 教學,都為我與我有幸影響的人帶來不同的可能。 <https://www.facebook.com/lingforfun>
方道樞	最大收穫就是青蛙和有意義的廢文。
玉米	可能有,十年後就知道了。
圭皿	增加更多元的觀點。
江亘浩	讓我內心變強大。感謝Meta在我低潮的時候給予幫助,尤其是我重生,背部不舒服,她很擔心而且很願意幫忙,非常感動。
老王	多知道一些新觀點,多接觸不同領域,也許沒有立即改變,但多一個機會! <https://lihi.cc/3IzT8>
吳宜臻	從小累積的自我懷疑、自我責備、無自信感,隨著 Meta 的分享,慢慢地轉變。在還沒接觸#一書一觀點之前,最糟的狀況是去看精神科,請醫生開舒緩的藥物,讓自己能好好睡覺。但其實某種程度也是一種對外求救吧!至少承認自己沒有力氣了……現在重新練習寫下一點什麼,不管好壞,都是生活的紀錄,也是療癒的過程。 <http://momo0412.pixnet.net/blog>
吳盈姍	人類圖幫助我知道自己適合哪方面的工作、認識到自己的個性有許多面向,也懂得如何應對其他人。接觸到不同領域的大家,進而知道其他領域的事物。
吳純佩	多了一種參考與觀點。
吳涵如 (Ruby Wu)	可以了解各行各業的想法,畢竟本業比較封閉。透過音頻也可以了解最近出的新書。 <https://drubywu.blogspot.tw>

呂文婷	更真實地面對「自己」。第一是，確實去處理內心的情緒與感受；第二是，下定決心往想了許久的公職之路前進。即使這兩點都還未開花結果，而且每個過程都好累、好痛、好想哭，但回想起與 Meta 姐姐的對話，給了我執行的力量。當時她說了些什麼，老實說，已經不記得了，但我記得那個感受，就像被皰疹病毒感染過後，並不會痠癒，只是藏在身體裡。有人試圖對我施加情緒壓力時，會有一股感受充滿我的內心，使我表達抗拒的話語或反應。從小我受的教育就是女生要溫柔體貼、善解人意，像我奶奶一樣能忍會讓，但沒有人教我實作的方法，驕傲的我後來什麼都沒學會，只剩下臭脾氣、懦弱、逃避，還假裝一切安好，像一隻光著屁股的孔雀。Meta 姐姐她就是我的榜樣，偶爾會去看她的 Facebook 貼文，除了知道她最近又做了什麼，重要的是讓我看到女生可以活得很自在。
李成康	某次參加實體桌遊聚會「蛻變人生」，之後就開始了現在這份我很喜歡的工作——擔任密室逃脫小天使。 <https://www.facebook.com/MindInBlackbox>
李宗翰	聽故事、聽說書、介紹書，對我們全家人來說有種奇異的魅力。在大學課堂上讀過一本書《在荒島上遇見狄更斯》，更深信故事會影響人。應該要有更多大人的睡前故事，不是只有功利的選項。講者的頻率與聽者的吸收程度是一種默契，在＃一書一觀點裡，有這種默契。相較於很多網紅分享的資訊最後似乎都必須包裝成一個道理，但在＃一書一觀點裡沒有這個問題，還是能保有閱讀這本書的興趣。忘了什麼時候在 Facebook 開始追蹤 Meta，昨天簡單地回顧，發現有些書好比《教出殺人犯》[6]，或許不是每個人都適合當父母，自己成為人父母後也感觸良深。訂閱 Meta 的音頻，讓我接觸更多書，了解生活中更多不同面向，是一個優質管道。
李姿瑩	人生。
李柏慶	解決了一個異業合作的問題（診所網站）。
卓宛蓉	目前正在實行斷捨離，期待中。
周建誠	訂閱梅塔，讓我天天都開心，梅塔大神是我的人生明燈。
林子軒 （俗稱學弟）	老實說，姐的音頻我沒有聽完，但是對我的人生改變最大的是，每個關鍵時刻都有學姐的出現——剛畢業的萌萌期、剛退伍的理想期、結婚前的準備穩定期。

6
本書主編表示太感動，是她編過的書。

林柏亨	最早認識Meta是從＃一書一觀點的影片，每一集都有所啟發，而且嘗試套用在自己的生活，當事情發生時能夠及時做出適當反應，這是我覺得最有幫助的部分。當時我甚至還列出所有直播影片清單，確認自己有沒有看完。之後參與 PressPlay「把自己人生當成公司經營」的長期贊助方案，經由 Meta 的解說，從人類圖更了解自己。除了音頻讓我持續自我提升與進化，Meta 還特別舉辦異業活動，定期與 VVIP 交流，認識不同領域的強者，互相學習，讓我的眼界更開闊。希望自己之後有能力，可以再多跟 Meta 姐異業合作、交流靈感。最後很感謝 Meta，聽到姐要出書當然要來推薦一下啊！ <https://www.facebook.com/qw4720>
林洋鑫	根本哆啦 A 夢，而且不只一觀點（讚歎意味），無論是讀書或是事業上都提供超實用的八卦。 <https://lihi.cc/iEMgw/MT>
林鈞暉	感謝 Meta 讓我重拾閱讀的樂趣（從不買書到一年花了上萬元）。成為 VVIP 的　年，確實學到如何打造個人品牌、如何與團隊和粉絲相處。 <https://www.vernmap.com>
品綺	開啟新世界。
施金魚	多認識其他行業的朋友。 <https://www.facebook.com/FishCPhotography>
洪淑芳	增進工作新思維。愛情觀上調整了心態。理性與感性並存觀照。
胡善茹	打開我的視野。梅塔分享很多實作過的書籍，跟其他人純粹分享讀書心得不太一樣，每次聽完音頻，都得到像哥倫布發現新大陸般的驚喜。非主流的價值觀也很受用，看見身邊的朋友都困在人生三十歲的框架中而迷惘或者盲從，梅塔顛覆了我的想法，讓我不會追隨主流價值觀，往自己真正開心的方向前進。在找尋人生的道路上也獲得很多啟發，只要是發自內心去做一件事情，就會實現與賺到錢。 <https://medium.com/@wqwgpp45>
范一平	知道有靈性的人生該如何成長，而不用看起來很拚很累的樣子。
郁臻	長照家屬的心情獲得理解，與家人和解。

唐嘉鴻	給予真心直言的好建議，擁有超強的人脈引介網，讓我打開眼界認識其他產業。 <https://insideout.com.tw>
高筱萍	想訂閱應該是基於支持，因為之前就在追蹤梅塔的個人Facebook，上面分享的觀點和想法都值得深思，可能是有別於以往傳統社會中狹隘的思考方式才會特別吸引人吧！如果認真說改變了自己什麼，大概是專注去實踐一件事，改變、嘗試、實作都容易，困難的是堅定與維持。
莊秉翰	一些做法。 <https://hugocat.net>
莎賓娜	工作中出現一盞明燈，好像光明燈一樣。
許維真[7]	正視日前妖魔鬼怪毒液驚人，充電準備尋找。
陳孟慧	多接觸到自己小圈圈以外的人生。
陳柏宇	很幸運在二十歲的年紀就接觸到梅塔的專案，我的人生正要開始，聽梅塔的經歷、說書中提到的觀點，都讓我更有勇氣去做那些很冒險的決定，並且為自己的決定負責。2018年年底我用打工存的錢成為 VVIP，訂閱期間我就計畫好人生中的第二次休學，離開大學去為我的環遊世界之旅鋪路，希望透過攝影與廚藝和世界各地的人建立連結，聽起來有點不切實際，但我相信一定有辦法完成。「翻轉人生的力量，除了風險沒有其他。」這是我聽完梅塔某集說書直播後，覺得超級認同的一句話，還寫下來貼在牆上，我想透過行動去驗證這句話。這個專案並不是告訴你多博大精深的知識，但會告訴你她吸收書裡的內容後哪些是真正受用的。在網路發達、資訊爆炸、時間稀缺的時代，有一個人願意花時間與精力幫你篩選資訊、提供價值，每月 1,399 的訂閱費，完全值得。 <https://goo.gl/YegBdp>
陳泰仰	最大的改變還是把書本拿來實作，想辦法落實在自己的生活中。過去我很愛看書，但多半也就只是看過而已，很少真的在生活中實作，因此人生有一段時間裡眼高手低。後來看到 Meta 不斷分享實作的心得和觀點，才漸漸發現原來實作的力量真的可以改變一個人。我也才剛開始練習實作，不斷練習、不斷成長的人生真好。
陳豬皮	得到開釋。

蛙哥醫師	合作案轉介。
黃順和	人不在臺灣,沒有直接參與過活動,但直播與每月音頻的一些觀點,值得在做決定的時候拿來當作參考。
黃詩予	開始經營自己的英語社團並且獲利。找到另一半。 <https://goo.gl/PB3HLt>
葉峻榳	自媒體經營與人生方向。 <https://chunting.me>
劉妮瑋	首先非常恭喜梅塔的書上市了!很高興有這榮幸受邀分享訂閱專案的心得。在人生低潮時訂閱梅塔的專案,是2018年最有價值的決定,專案內容除了教人如何獲利,更重要的是分享給梅寶們書籍實作的心得,讓我可從大片書海中吸收作者的精髓。實作題材從獲利模式到身心靈健康,甚至是人生迷茫的時候,都可從音頻中獲得解答。我就是這個專案的受惠者,從每場直播到每次見面,每一瞬間頓悟的神奇力量難以言喻,套一句梅塔常說的幸運祕訣:「與人為善、從愛出發。」內心之所以被觸動,也許正是如此。 <https://www.facebook.com/niweil>
劉孟婷	接觸不同領域的事物、在 Meta 的分享中得到實作靈感。
劉俊佑 (鮪魚)	幫助我認識了很多同溫層以外的人,意外獲得合作機會,在創業初期就得到許多曝光,非常感謝! <https://newsveg.tw>
蔡仁翔	與人交流後,看到自己的盲點。例如Meta說過,不是所有的女生只會欣賞有錢的男生,有些女生注重的是他很安全、跟他在一起很開心。 <https://www.facebook.com/dennis.shiang>
謝巧薇	我是出了社會之後才開始培養閱讀商業書籍的習慣,聽Meta的音頻得到很多不同觀點,有時候會腦洞大開:「原來還有這樣的事情啊!」「原來可以這麼做!」最人的收穫是漸漸找到自己的閱讀清單,Meta 就像個行動書店幫大家選書,也像廚師一樣用實作案例來增加書籍的豐富度。 <https://www.amomo.tw>

謝秉彧	嘗試 Blog、Instagram。接觸不同領域的人，獲取不同的看法與聲音。
鍾昆霖	很幸運遇到 Meta 這麼熱情而且願意幫助人的人。可以跟社團很多很厲害的人交流。不過，遇到像我這麼冷靜的人，不知道會不會讓 Meta 覺得有點無奈。
蘇士淵	因為 #一書一觀點的直播知道 Meta。去年七月參與這個專案，覺得人類圖幫助很大，很多地方和自己的現況不謀而合。我其實沒自信、缺乏毅力，很難堅持下去的時候就會慢慢放棄，對於自己在做的事情也會迷惘，透過人類圖知道自己的原廠設定，做起事來比較堅定，但偶爾還是會有低潮的感覺。Meta 在解說人類圖時也提供一些建議（我都還停留在舊觀念），給了我不同的想法，例如好工作從來不是投履歷而來的。藉由每月一次的實體聚會認識不同的人，聽著別人的想法，也帶給自己不同的思索，這是這個專案很棒的地方。不過今年以來自己成長的幅度不大，希望在專案結束之前的下半年度能有所進步！
（不具名）	除了 #一書一觀點提供知識，還了解網路媒體的操作方式，更透過梅塔有效連結人脈。

經營自媒體所投資的成本，最後都會回到自己身上

　　如果你覺得這是一本有點不一樣的自媒體書籍，那是因為我的經營策略並不只是以「金錢」為主。我的經營初衷只是「記錄」與「分享」，所以採取的策略是「love me, not buy me」，主打「價值」，而非價格策略。也就是提供給潛在客戶值得的資訊，但是不會一直推銷服務，而是把決定權交給對方（詳見第二章〈戰略〉）。

　　許多自媒體經營者想被看到與追求獲利，但最重要的是，與其獲取名聲或金錢，盡可能讓「獲利」與「幸福」的狀態保持平衡，才能夠長久。根據「伊斯特林悖論」（Easterlin Paradox），財富不一定能帶來更多的幸福。當年收超過200萬元，就不會再因收入增加而感到幸福。

　　再者，並不是每個人的心理素質都適合長期經營自媒體，一旦擁有了名氣與影響力，就要去回顧「為什麼那麼想被看到、想要歸屬感、想得到大家認同」的心理與成長背景之間的關係（詳見第三章〈故事〉）。無論如何，希望這本書能夠讓你的心靈充實，

療癒你人生的某部分——那個你以為已經死去的自己。

隨著＃一書一觀點的直播累積超過四百集，我也開始思索：「我到底可以做什麼？」「什麼是我真心喜歡又感到開心的事情？」於是漸漸摸索出幸福人生的輪廓。大量閱讀與實作，除了學習到作者的人生精華，拓展自己的視野，又能透過自媒體分享書籍內容與自己的人生，幫助沒時間選書與閱讀的人能更有效率地去購書與看書。這就是我最開心而且能夠產生心流，又感受到人生價值的時刻。

只要有一個空間可以讓我大量閱讀，支付最基本的日常生活開銷，這樣的生活型態就是我覺得幸福的事情。這幾年，我幾乎把所有時間都花在閱讀相關的事情上：

- **購買書籍**
- **擁有一個可以閱讀與實作的空間**
- **擁有一個可以分享實作的空間**
- **透過自媒體持續分享**

我持續以上的生活型態，覺得心靈富足。或許因為我處於「獲利」與「幸福」平衡的狀態，許多人覺

得十分奇怪：

> 「梅塔，妳又不是超級有錢人，但妳似乎有
> 不為錢所苦的祕密？」

我想再與大家分享：我經營自媒體之所以「成功」
一年獲利百萬以上，除了前面提到的策略，還有兩個
關鍵：

1. 思考經營自媒體所投入的時間與金錢，能否
   「連本帶利」回到自己身上？
2. 當所有支出都投入在「打從心底」想做的領
   域，就會比其他人更主動學習。而這些投資，
   一定會加倍回饋到過去的付出上。

以下舉＃一書一觀點的例子說明：

1. 我鼓起勇氣，把時間與金錢投注在閱讀與實作
   的分享。
2. 透過與收看者的互動，我得到更多知識。
3. 透過每一集的直播，讓更多人發現許多值得購

買的好書。

4. 透過持續性的分享，我被廠商看到，接獲企業內訓與自媒體顧問等邀約（因為廠商希望我把書籍實作結合在企業訓練之中，讓員工更有效率地工作，提升公司產值）。

5. 於是，我繼續投入更大量的時間與金錢在閱讀與實作的分享。

這就是 ＃一書一觀點「良緣生良元」的獲利循環。以下再為人家整理幾項重點：

- 專注在自己喜歡或者擅長的領域來經營自媒體。
- 再將獲得的報酬繼續投資在自媒體的經營上，持續進化，為獲利加分。

透過以上方式所得到的經驗與成長將會內化，成為畢生的資產，而且很難被人模仿。許多比我厲害的自媒體創作者朋友，都是打從心底樂在其中，沒有人會認為經營自媒體是「工作」。因為可以做自己喜歡的事情，又可以享受經營自媒體的樂趣，並且創造財富，無須辛苦。

你要「爆紅」還是「長紅」?

　　大多數的人會追求「爆紅」,但我在經營自媒體的路上追求的是「長紅」。

　　有些內容經營者想快速成名而做出太過踰矩的行為,為的就是擁有高流量,好與廠商有談判的空間。但是,追求流量之前,你必須想一件事情:<u>你要爆紅還是長紅?爆紅不一定是好事</u>。例如年輕不懂事,發布了髒話影片而爆紅,這樣的內容對於未來可能沒有好處。<u>你必須考慮到後續的代價</u>。

　　像知識與資訊的分享,相對的不好笑也不有趣,不一定能爆紅,但是這個小眾路線的粉絲黏著度高,可以「長紅」。環遊世界回來後,有段期間我決定閉關,好好思考自己的興趣到底是什麼。為此,我謝絕大部分電視節目的邀約,改為擔任企業的自媒體顧問,幫公部門規畫一系列的活動課程,偶爾寫寫專欄,也開始持續在 #一書一觀點上大量分享閱讀與實作的經驗。於是,這些自媒體體驗成為我的生活重心,同時,我也接到許多廠商邀約與異業合作案,為什麼?他們告訴我,<u>說書其實是一件很無聊的事情,但是我竟然可以把這麼無聊的事情在一年內持續完成</u>

兩百集以上，如果與這樣的人合作，一定使命必達。

　　這裡可以連結到如何利用自媒體建立個人品牌，讓人信任你。在自媒體上一定要「說到做到」，這就是別人會認得你的地方。你或許會認為，我做的事情很簡單，你來做也可以，可是你有沒有辦法持續實踐下去？我曾經在許多千人場次的講座上分享，會後大約有十位的聽眾表示也想做自媒體，然而一年之後，當我一一追問他們這一年之內是否認真寫了最少十篇的文章，結果十人裡面沒有人做到（最多只寫了八篇）。

　　其實，知識、技術、人脈，絕非「花錢」即能「速成」。能夠深切感受到「在特定領域上，自己確實成長」，至少需要半年到一年的時間。當你看似不要臉地（？）持續透過自媒體公開「這就是我喜歡而且擅長的事情，而且可以達到○○○的目標」，身邊的人就會更認識你，注意你，甚至找你合作。自媒體，就像二十四小時可以持續增加「睡後收入」的移動式名片！多好，全天候遞名片。

「專注到忘了時間」的領域，就是適合自己經營自媒體的領域

　　你可以看到，當我把時間與金錢投資在真心喜歡的領域後，大幅提升自媒體帶來的收入。什麼是你喜歡到可以忘記時間，不計任何代價全力投入的領域？那就是適合你經營自媒體的關鍵。但如果你「其實討厭經營自媒體，只是好像人人都在做而不得不去做」，就很難成功並且獲利（這也是我觀察到很多公司小編的狀況）。

　　許多人無法靜下心來好好看完一本書，覺得度日如年；我卻覺得閱讀很快樂，時間充裕的時候，可以一小時看完六本書，並且迫不及待想實作。我不是很會研究的人，但閱讀是我最專注的時刻。

　　其實，「喜歡」一件事情與進入「心流」狀態，往往是一體兩面。因為進入心流狀態，所以喜歡正在做的事情；因為喜歡這件事情，所以容易進入心流狀態。找到讓你產生心流的領域來經營自媒體，幸福與良元一定會持續湧入，而且促進思考能力與自我認同。

Love me, not buy me —— 持續給予對方需要的資訊, 能讓你更幸福

　　我已經提過好多次, 經營＃一書一觀點是為了讓大家知道更多的實用好書, 並且改變自己的人生。持續「日行一善, 幫助對方」, 不只看似奉獻, 也會讓周遭的人理解你。許多人身懷絕技, 卻好奇為何我可以常常出席廠商邀約的有趣活動。我之所以擁有這些機會, 就是出自於將「自媒體經營」結合「閱讀與實作」, 因此為我開啟許多未知的世界大門。

> 「梅塔, 我本來以為妳只是一個搞說書的過氣網紅, 沒想到妳還真的實作, 而且很有料。妳推薦的那幾本書, 我後來都有去買, 真的很有幫助, 謝謝妳。」

　　各位有沒有注意到, 我持續分享與給予的, 都是對於對方有實質幫助的資訊? 利用自己的興趣或強項來經營自媒體, 幫助他人解決人生課題, 同時也會覺得自己的人生愈來愈有意義。以「利他」的概念來經營自媒體, 不只是為了別人, 最大的受益者其實是

自己。

　　許多人常常覺得我過度付出，但其實我考慮到的是「雙贏」。建議正在經營自媒體的各位，在自己可負擔的範圍內，持續給予。如果你幫助到他人，對方就會加快你實現目標的速度。我也很謝謝 VVIP 是來自不同領域的「給予者」，這或許就是「物以類聚，人以群分」吧？

真正的人脈

　　許多 VVIP 常說我擁有厲害的人脈網，可是其實我很少吹噓自己認識某某某，也不會裝熟，因為「知道某人」與「可以跟某人搭上線或是合作」，是完全不同的事情。所謂的「人脈」，不是你認識誰，而是誰認得你，並且會主動幫你宣傳：「這個人擅長○○，你可以去找他談談。」透過自媒體分享的過程中所建立的人脈，是獨一無二、無可取代的財富。

　　最後補充一下這本書無法細寫的重點：透過自媒體建立的「弱連結」，往往是帶來良緣、改變人生的關鍵。真正的獲利不是只有金錢，還有知識、技術、人脈、體驗等無形的資產。自媒體，就是一種價值大於

價格的自我投資。

價值思維

我會把錢花在買書，就是以價值判斷為標準；無償在 # 一書一觀點上分享，除了興趣之外，更是因為「價值思維」。我並沒有因為當時沒人「斗內」，就不繼續經營，因為那是「價格思維」。很多價格思維的人，反而無法透過自媒體來變現。

對我來說，買書是最划算的自我投資。畢竟，閱讀本身就是非常具有價值的事情。而閱讀之後實作所得到的經驗與收穫，早就難以用價格估算了，更不用說後續帶來的訂閱服務與其他異業合作的報酬。一本書，在你真心持續實作後，為你帶來的效益往往超過書本價值的一萬倍以上。

你可以在持續經營自媒體的過程中，獲取誰也無法奪走與模仿的經驗資產。其實不論是閱讀或是經營自媒體，都是低風險、高報酬的最佳自我投資。改變自己，就從「興趣」開始！你的人生一定會與我的 VVIP 一樣，開始轉變。

每個人的人生都是獨一無二的創作，從分享你的自媒體開始！

　　非常謝謝你閱讀到最後，參與了我從 2017 年至 2018 年經營自媒體的過程：與一百個以上的廠商合作、幫助一百人透過興趣結合自媒體來獲利、為 VVIP 舉辦超過一百場的實體活動、與青年職涯發展中心合作的讀書會參與者累計超過一千人。

　　或許開公司創業、經營自媒體並不適合每個人，但我常常會把重點放在你的「天職」是什麼？本書的價值觀、經營心法、工作模式，以及數個實作案例，一定可以把喜悅與幸福傳遞給全臺灣。創造適合自己的人生，獲得符合自己生活的報酬，也為周遭的人帶來靈感與啟發。讓我再重複一次本書的核心：

> 做自己開心的事情，一定會賺錢；但是做會賺錢的事情，不一定會幸福。

　　其實我經營個人品牌、#一書一觀點、訂閱服務也沒有什麼祕訣，就是「持續記錄真實的自己」與

「Love me, not buy me」而已。

　　最後，感謝給予我出書機會的遠流出版與本書主編子逸、協助提供案例的VVIP、默默支持＃一書一觀點的好朋友、守護我的男友，最重要的是，願意購買這本書的你。若有任何感想或異業合作邀約，歡迎Facebook私訊或E-mail來信。

> Facebook：https://www.facebook.com/
> 　　　　　metaconcur
> E-mail：writemeta@gmail.com
> 本書粉專：https://www.facebook.com/writemeta

> 1. 梅塔頻道：https://goo.gl/cWb9he
> 2. 梅塔社團：https://reurl.cc/O0OD9
> 3. 梅塔2019年顧問服務：http://bit.ly/2SlQhUQ
> 4. 梅塔2019年實作音頻服務：http://bit.ly/2AfAb7V

許維真（梅塔／Meta）

自媒體百萬獲利法則：
寫給完全素人的「3333 網路獲利計畫」

作者	許維真（梅塔／Meta）
主編	陳子逸
設計	許紘維
攝影	孫萬翔
校對	渣渣

發行人	王榮文
出版發行	遠流出版事業股份有限公司
	104 臺北市中山北路一段 11 號 13 樓
	電話／ (02) 2571-0297
	傳真／ (02) 2571-0197
	劃撥／ 0189456-1
著作權顧問	蕭雄淋律師

初版一刷	2019 年 5 月 1 日
初版五刷	2022 年 7 月 1 日
定價	新臺幣 350 元
ISBN	978-957-32-8482-6

遠流博識網 www.ylib.com  遠流博識網

國家圖書館出版品預行編目（CIP）資料

自媒體百萬獲利法則：寫給完全素人的「3333 網路獲利計畫」
許維真（梅塔／Meta）著.
初版 . 臺北市 : 遠流，2019.05
268 面 ; 14.8 × 21 公分
ISBN 978-957-32-8482-6（平裝）

1. 創業 2. 網路產業

494.1   108002807